The Encyclopedia of Parasites
All about their mysterious life

寄生之谜

日本目黑寄生虫馆 编
[日] 大谷智通 文 [日] 佐藤大介 图
程雨枫 译

新 星 出 版 社 NEW STAR PRESS

欢迎走进神奇的寄生世界

大家好，我是日本最大的寄生虫博物馆——目黑寄生虫馆的名誉馆长。

1953年，目黑寄生虫馆诞生了。那时候，大多数人的肚子里都有寄生虫，可来寄生虫馆参观的仅有为数不多的寄生生物爱好者。此后的半个世纪，人们的防治工作取得了显著成果。如今，很多寄生虫已经彻底从人类体内消失，寄生虫馆却渐渐热闹起来，参观者络绎不绝。

为什么会出现这种现象？最大的原因或许是寄生虫已经淡出了人们的日常生活。“想看看传说中的寄生虫长什么样”“听说寄生虫馆里有实物展品”……人们来寄生虫馆参观，也许是为了窥探一个有别于日常的世界。

虽然感染寄生虫的人数减少了很多，但希望大家不要忘记，寄生虫病尚未被彻底根除。放眼全球，寄生虫问题依然严峻。疟原虫、血吸虫、丝虫、溶组织内阿米巴……前往这些寄生虫流行的地区很容易感染，需要格外小心。

感染寄生虫的不止人类，几乎所有动物身上都有寄生虫。其实，寄生生物的种类比被寄生的动物（宿主）还要多。有没有感到很意外呢？

寄生生物不仅种类繁多，它们的生存方式也各不相同，丰富多彩。真双身虫为了发育成熟，会寻找伴侣合为一体；绿带彩蚴（yòu）吸虫为了让鸟类吃掉宿主蜗牛、带自己到远方，会采取令人意想不到的行动；日本海裂头绦虫繁殖能力很强，产卵数量惊人；甚至还有寄生在寄生虫身上的生物……寄生生物的生态远远超出我们的想象，它们身怀绝技，不断进化至今，形成了充满多样性、趣味无穷的寄生世界。

神奇的寄生生物远不止这些，本书中介绍的仅仅是其中的一小部分，希望能为你打开一扇了解它们的窗口。

目黑寄生虫馆

名誉馆长 小川和夫

新经典文化股份有限公司
www.readinglife.com
出 品

目 录

什么是寄生生物？ 008

环节动物

鼻蛭｜在鼻孔里捉迷藏 010

扬子鳃蛭｜毫无用武之地的超强抗冻能力 012

扁形动物·棘头动物

里氏吸虫｜蛙腿大改造 016

寄生小课堂 寄生生物与宿主 019

绿带彩蚴吸虫｜把蜗牛变成听话的“僵尸”020

华支睾吸虫｜潜伏在淡水鱼体内的吃货杀手 022

横川后殖吸虫｜野生香鱼在哪里，我就在哪里 024

日本血吸虫｜活在血液里的寄生虫 026

日本真双身虫｜唯有死亡能将我们分开 030

冈本异钩盘虫｜袭击高档鱼类的“吸血鬼”032

小林三代虫｜祖孙三代，和睦共处 034

腔棘鱼的寄生虫｜从古生代相伴至今 036

多房棘球绦虫｜和狐狸一同到来的“不速之客”040

日本海裂头绦虫｜体长 10 米的超大型寄生虫 042
猪带绦虫｜切勿生食猪肉 044
柱斜吻棘头虫｜操控鼠妇的“刺儿头”047

线虫动物・线形动物

日本铁线虫｜儿时夏天的噩梦 052
简单异尖线虫｜被人类改变了命运 054
麦地那龙线虫｜从脚里钻出来一条“长绳”056
蛲虫｜折磨屁股的寄生虫 058
旋尾线虫｜好想成为理想中的大人 060
犬心丝虫｜从天而降袭击爱犬 062
松材线虫｜令松树枯萎的另类组合 064
人蛔虫｜今后也请多多关照 066
浣熊贝蛔虫｜外来生物不好惹 068

节肢动物

扁头泥蜂｜残忍的蟑螂杀手 072
人肤蝇｜从皮肤里钻出来的苍蝇 076

名和蝉寄蛾｜蝉鸣声声，寄蛾做伴 078

温带臭虫｜今夜不让你入睡！ 080

人蚤｜寄生虫界首屈一指的运动员 082

人蠕形螨｜你脸上肯定也有 084

龟形花蜱｜咬住就不松口，直到吃饱为止 086

贝寄海蜘蛛｜菲律宾蛤仔掠夺者 088

鲸虱｜乘上鲸鱼，开启海洋之旅 091

鲤锚头鳋｜抛向宿主体表的“锚”094

扇贝蚤｜眼睛、触角、足，统统不要了 096

网纹蟹奴｜夺走螃蟹的青春 098

寄生小课堂 二重寄生物 101

多疣角水虱｜找到它就“中大奖”了 102

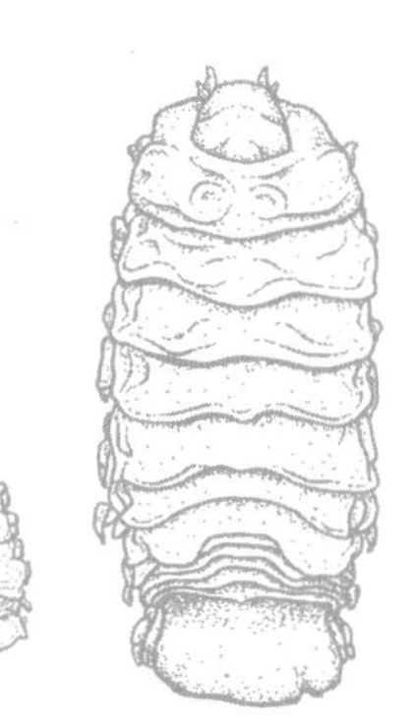

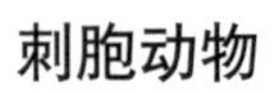

刺胞动物

鲟卵螅｜贪恋鱼子酱的美食家 106

脑黏体虫｜往返于两种宿主之间的神秘寄生虫 108

原生生物

恶性疟原虫｜恶劣（mal）+ 空气（aria）= 疟疾（malaria）112
弓形虫 ｜猫的致命诱惑 115
福氏耐格里原虫｜夺命“食脑”虫 119
布氏冈比亚锥虫｜乘苍蝇而来的恶魔 122
多子小瓜虫｜一个白点引发的命案 124
蓝氏贾第鞭毛虫｜可恨的“小丑”126
阿米巴藻｜把宿主吸干榨净的恐怖“弹簧”128

植物・真菌

阿诺德大王花｜散发着腐臭的巨型花 132
野菰｜我的心里只有你 134
冬虫夏草菌｜从虫到草的轮回转世 136
日本菟丝子｜悄悄逼近草木的“面条”138

主要参考文献 141
目黑寄生虫馆 142

什么是寄生生物？

不同种类的生物生活在同一片地区，互相之间会形成各种各样的关系，比如弱肉强食、互利共生或者单方面的利用。

寄生生物终生或在生命中的某个阶段依附在其他生物（宿主，详见P19）的体表或体内，夺取宿主的营养。没有宿主，寄生生物就无法生存。寄生生物有时会损害宿主的健康，但通常不会杀死宿主。因为给宿主造成致命伤害，也会危及寄生生物自己的生命。

身体细长、由许多体节组成的动物，体腔的每个体节之间都有隔膜。目前已经发现大约1.5万种。

鼻蛭

Dinobdella ferox

在鼻孔里捉迷藏

分类：	蛭纲
体长：	幼虫 5 ～ 10 毫米， 成虫 100 ～ 200 毫米
宿主：	哺乳动物
分布：	东亚、东南亚

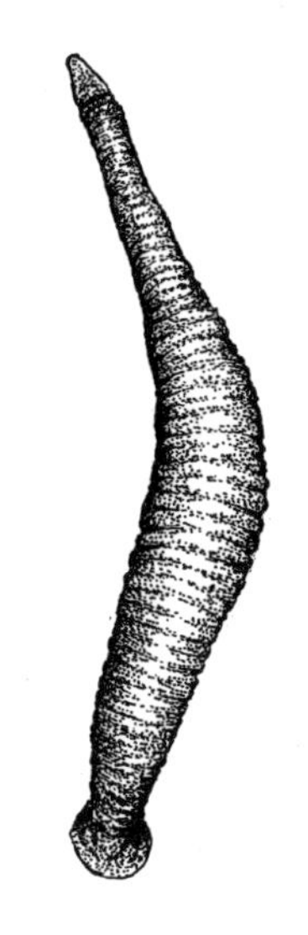

一位爱好爬山的男士曾前往山里泡野温泉、用溪水洗脸，回到家一个多月后，他发觉自己的鼻子不太对劲。起初觉得鼻子里有异物感，经过频繁流鼻血和大量流鼻涕的折磨后，他意识到有什么来路不明的生物住进了自己的鼻子里。那个生物经常探出鼻孔，这位男士便试图用手或镊子把它揪出来，奈何它身上滑溜溜的，总是抓不住。后来，他把头扎进放满水的洗脸池，在那个生物钻出的时候迅速拿毛巾抓住，强行把它拽了出来。随着鼻子里一阵撕裂般的剧痛，一只鼻蛭出现在他眼前。

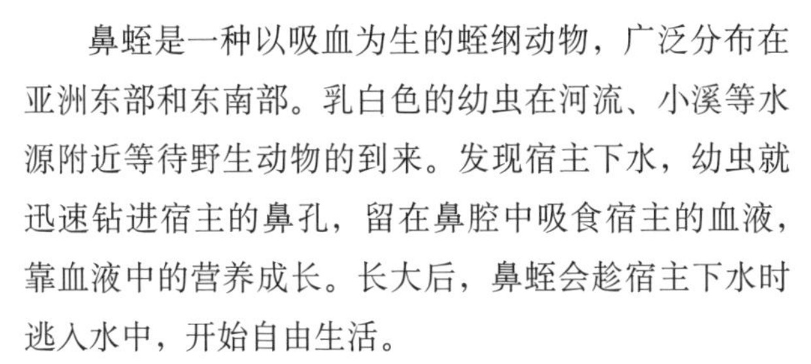

鼻蛭是一种以吸血为生的蛭纲动物，广泛分布在亚洲东部和东南部。乳白色的幼虫在河流、小溪等水源附近等待野生动物的到来。发现宿主下水，幼虫就迅速钻进宿主的鼻孔，留在鼻腔中吸食宿主的血液，靠血液中的营养成长。长大后，鼻蛭会趁宿主下水时逃入水中，开始自由生活。

鼻蛭栖息在远离人烟的山间河流中，通常寄生于鹿、马、猴子、老鼠等野生哺乳动物体内，也会寄生到出现在栖息地的人类身上。在寄生初期，感染者几乎没有任何自觉症状，随着鼻蛭逐渐长大，会出现有异物感、瘙痒等症状。因为鼻蛭的唾液中含有抑制血液凝固的物质，感染者被吸血后伤口不容易止血，鼻腔内大量出血，甚至可能引起贫血。如果鼻蛭从口腔进入人体、附着在喉咙或气管上，会引起声音嘶哑、呼吸困难的症状。近年来，回归自然的登山野游成为一种潮流，越来越多的人走进山涧河谷，也就有越来越多的人可能遇到鼻蛭。说不定下一个被鼻蛭寄生的，就是你的鼻孔哦。

扬子鳃蛭

Ozobranchus jantseanus

毫无用武之地的超强抗冻能力

分类：蛭纲
体长：10 ～ 15 毫米
宿主：拟水龟、草龟
分布：日本、中国

发现扬子鳃蛭时，研究人员简直不敢相信自己的眼睛，还以为哪里搞错了。一只草龟在 −80℃ 的超低温环境中冷冻了半年，出于研究需要，研究人员解冻了它，却惊讶地发现一种寄生在草龟体表的生物恢复了生命活动。那就是扬子鳃蛭。

扬子鳃蛭是淡水龟的体外寄生虫，身体两侧长有 11 对流苏状的鳃，外形很有特点。值得一提的是，扬子鳃蛭对低温环境有很强的耐受性。上面的事例证明，在 −80℃ 的环境下冷冻半年，它们也能存活。

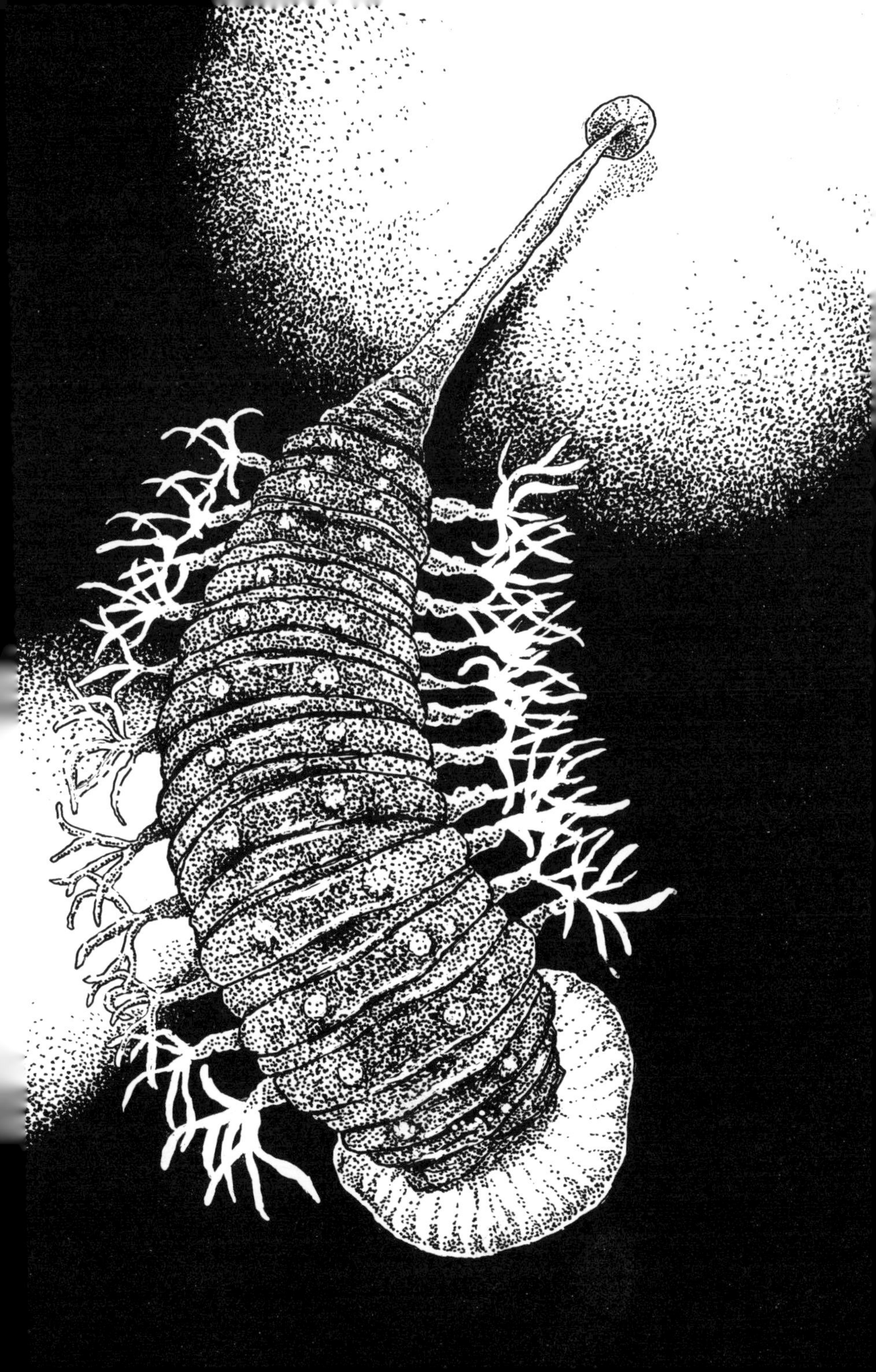

大部分生物长时间处于冰点以下时，会因为体内水分冻结而死亡。而有一类生物却具有抗冻性，比如栖息在南极的线虫和以耐受性强著称的水熊虫。不过，它们都需要一定的准备时间，让身体适应低温环境。扬子鳃蛭则不怕突如其来的降温，而且在低温环境中的生存率远远高于线虫和水熊虫。

扬子鳃蛭可以在 −196℃的液氮中存活 24 小时，或者在 −90℃的环境中冷冻 32 个月，甚至在 −100℃ ~ 20℃之间反复冷冻、解冻，最多重复 12 次后，依然存活。研究人员目前还不清楚这种惊人的抗冻机制的成因，但他们表示："迄今报告的生物中，扬子鳃蛭对冷冻的耐受力最强。"

扬子鳃蛭的宿主淡水龟自然无法在那种极端的低温环境中生存，而且地球上的最低温度是在南极测量到的 −93.2℃。扬子鳃蛭身为地球上的生物，却能够忍耐 −196℃的低温，这种能力恐怕只有在其他星球才能得到充分发挥。距离太阳第六远的行星——土星，表面温度约为 −180℃，难道扬子鳃蛭打算飞出地球，进军宇宙？

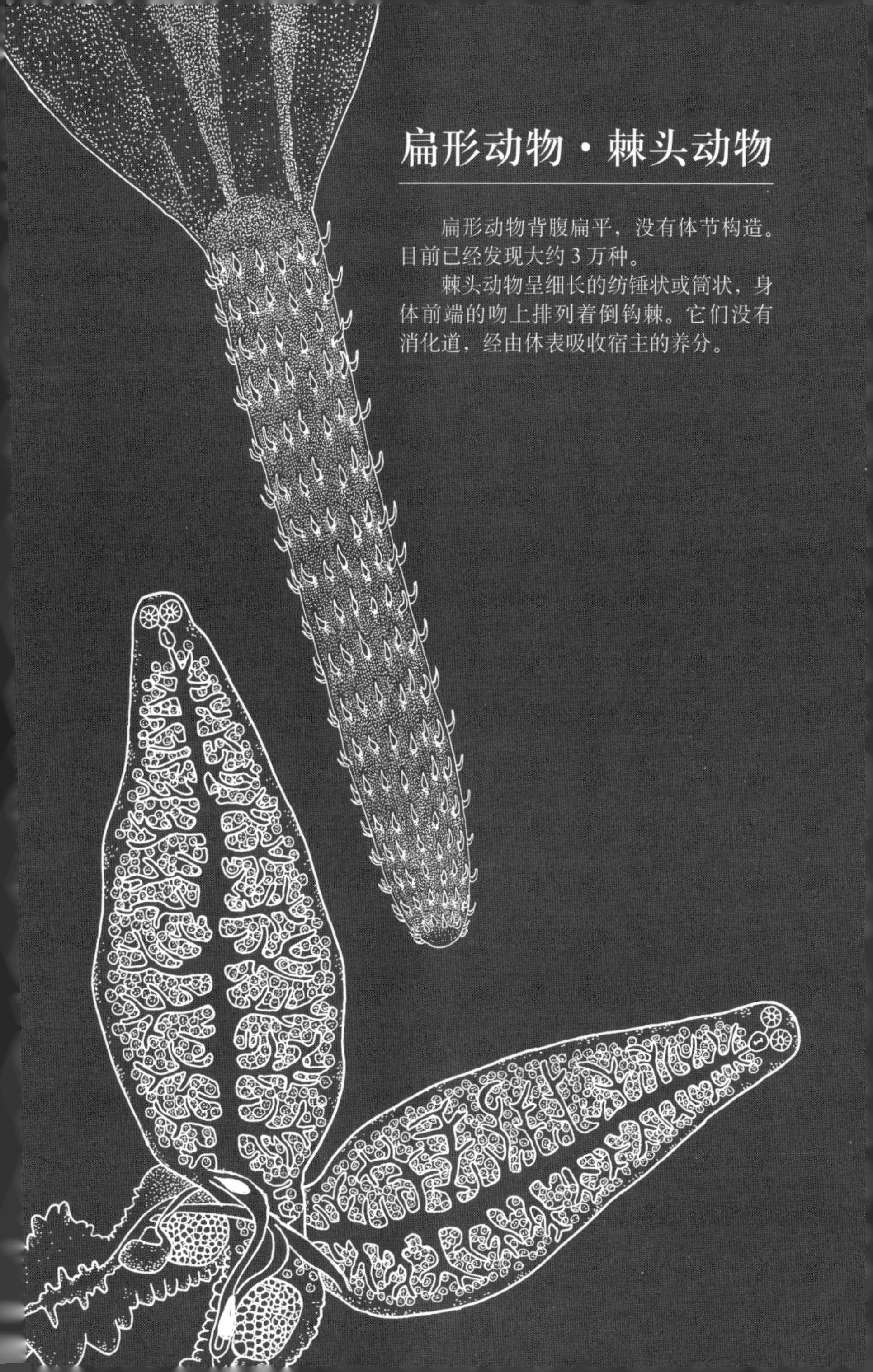

扁形动物·棘头动物

扁形动物背腹扁平，没有体节构造。目前已经发现大约3万种。

棘头动物呈细长的纺锤状或筒状，身体前端的吻上排列着倒钩棘。它们没有消化道，经由体表吸收宿主的养分。

里氏吸虫（幼虫）

Ribeiroia ondatrae

蛙腿大改造

分类：吸虫纲
体长：尾蚴[①] 0.8 毫米， 成虫 1.6 ～ 3 毫米
第一中间宿主：淡水螺 第二中间宿主：蛙类 终宿主：鸟类
分布：北美

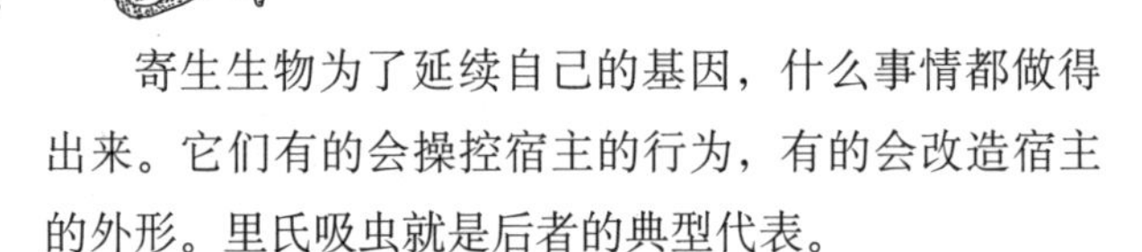

寄生生物为了延续自己的基因，什么事情都做得出来。它们有的会操控宿主的行为，有的会改造宿主的外形。里氏吸虫就是后者的典型代表。

里氏吸虫将水鸟的身体作为最终目的地，那里血液充沛、富含营养。不过，它们的卵必须落入水中，之后才能孵化出幼体，而且会先寄生到螺的身上。接下来，幼体怎样才能侵入水鸟的体内呢？经过不断地尝试和进化，里氏吸虫终于找到了完美的解决方案——通过搭乘“单程出租车”，从螺的身上移动到水鸟体内。而蛙类就是它们的“出租车”。

水中的卵孵化后，里氏吸虫幼体先寄生到螺的身上，发育成会游泳的尾蚴；然后寄生到附近的蝌蚪体

---

① 尾蚴，吸虫纲动物的一个发育阶段，在此期间，身体由长圆形的躯干和细长的尾部组成。

内，潜入后腿发育的部位。

接下来就是它们大显身手的时候了。尾蚴潜入后，在蝌蚪体内形成名叫“包囊”（蛋白质薄膜）的“小睡袋”，进入休眠状态。这会干预蝌蚪腿部的正常发育，使其成长为腿部畸形的蛙——要么多长出好几条扭曲的后腿，要么少长几条腿。这些蛙无法逃脱大蓝鹭等水鸟天敌的追捕，很容易沦为它们的腹中餐。就这样，里氏吸虫抵达了最终目的地！它们在终宿主水鸟的体内发育为成虫并产卵，卵随鸟类的粪便落入水中，孵化出新幼体，而后开始新一轮的生命周期。

而无辜的蛙被里氏吸虫害得不仅身体畸形，还沦为大蓝鹭的腹中餐，让人不由心生怜悯。

里氏吸虫的尾蚴（幼虫）

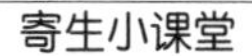

寄生生物与宿主

寄生生物（parasite）

指终生或者生命中的某个阶段依附在其他生物（宿主）的体表或体内，从宿主身上夺取营养的生物。

以寄生虫为例，寄生在宿主身体表面的叫作体外寄生虫，寄生在身体内部的叫作体内寄生虫。还有一些寄生虫，身体的一部分在宿主体表，一部分在宿主体内，比如锚头鳋（sāo）、蟹奴。

除了寄生虫这种动物类的寄生生物，本书中也会介绍寄生植物和寄生菌。

宿主①（host）

指被寄生并受到损害的生物。

有些寄生虫一生只寄生一个宿主，有些则辗转于多个宿主之间。如果幼虫和成虫的宿主不同，则称幼虫的宿主为中间宿主，成虫的宿主为终宿主。对有些寄生虫来说，中间宿主是必需的，如果这类寄生虫在幼虫时期直接侵入终宿主，它的一生就不算完整。

当存在多个中间宿主时，幼虫发育前期的宿主叫作第一中间宿主，发育后期的宿主叫作第二中间宿主。除此之外，还有一类宿主叫作转续宿主，有些寄生虫的幼虫侵入转续宿主后，不能继续发育为成虫，但仍有机会感染终宿主。比如鲭鱼和乌贼就属于异尖线虫的转续宿主。

① 当寄生生物是昆虫、植物、真菌时，一般习惯称其寄生对象为寄主。

绿带彩蚴吸虫（幼虫）

Leucochloridium paradoxum

把蜗牛变成听话的“僵尸”

分类：吸虫纲
体长：数毫米
中间宿主：琥珀螺 终宿主：鸟类
分布：欧洲、美洲

咦？斑胸草雀在叶子上发现了一只看起来很美味的蜗牛（琥珀螺）。不过，那只蜗牛像僵尸一样晃晃悠悠的，而且它的触角格外醒目。感觉不对劲啊……

把寄生的蜗牛变成僵尸，操纵它爬到捕猎者鸟类的眼皮底下，这简直就是乔治·罗梅罗[①]作品的完美再现。这样的寄生虫就存在于现实中，它就是绿带彩蚴吸虫。这种寄生虫的卵随鸟的粪便一起被蜗牛吃掉后，会在蜗牛体内孵化成幼虫，干预蜗牛的行为。蜗牛平时喜欢藏在不易被鸟类天敌发现的叶子背面或其他昏暗的地方，但当大脑被这种寄生虫控制时，会像僵尸一样摇摇晃晃地爬到明亮醒目的叶子表面。绿带彩蚴吸虫不仅操控蜗牛，还在它的触角里伸缩，将其伪装成鸟类最爱吃的大青虫的模样。

“我很好吃的，快来吃我吧！”被操控的蜗牛自然沦为鸟类的腹中餐，而绿带彩蚴吸虫也成功地抵达了最终目的地。它们在鸟类体内发育为成虫，附着在直肠上吸收营养，等到时机成熟时，在直肠内产卵；卵随着鸟类的粪便排出体外、被蜗牛吃掉，下一代又会寄生在蜗牛身上。不仅会变成僵尸，还要被鸟吃掉——对于蜗牛来说，遇到过河拆桥的绿带彩蚴吸虫，简直是最大的厄运！

绿带彩蚴吸虫（幼虫）的实体

① 美国知名导演，曾执导《活死人之夜》《丧尸出笼》等恐怖电影，被誉为“僵尸电影之父”。

华支睾吸虫

Clonorchis sinensis

分类：吸虫纲

体长：20 毫米

第一中间宿主：沼螺
第二中间宿主：淡水鱼
终宿主：哺乳动物

分布：亚洲

“我对食材没有特别的讲究，有米饭和纳豆足矣。”说完，这个古怪的男人就开始大谈纳豆的搅拌技巧。他就是日本最具代表性的绝世艺术家、美食家——北大路鲁山人，日本国民级美食漫画《美味大挑战》中的海原雄山便是以他为原型[①]。

据说，热爱美食的鲁山人爱吃鲫鱼、鲤鱼等淡水鱼刺身，而这个爱好最终夺走了他的生命。原来，这些淡水鱼其实是华支睾吸虫的第二中间宿主。人吃了被寄生的淡水鱼后，这种吸虫便会侵入人体，移动到胆管中，发育为成虫。成虫的寿命长达 20 年，这对被寄生的人来说可是够受的。最终，北大路鲁山人死于大量华支睾吸虫引起的肝硬化。

还有一种说法是，鲁山人被华支睾吸虫寄生是因为吃了没有做熟的沼螺。但是，华支睾吸虫的第一中间宿主沼螺个头很小，一般不会被用作食材；而且，华支睾吸虫寄生在沼螺体内时，还不具备寄生到人体的能力，因此这种说法有误。不管怎样，追求美食要适度，不至于把性命搭进去。尤其要注意，最好不要生吃淡水鱼，小心中了寄生虫的招。

---

① 《美味大挑战》中，作者将主人公的父亲、活跃在书法与美食等领域的海原雄山设定为北大路鲁山人的徒孙。

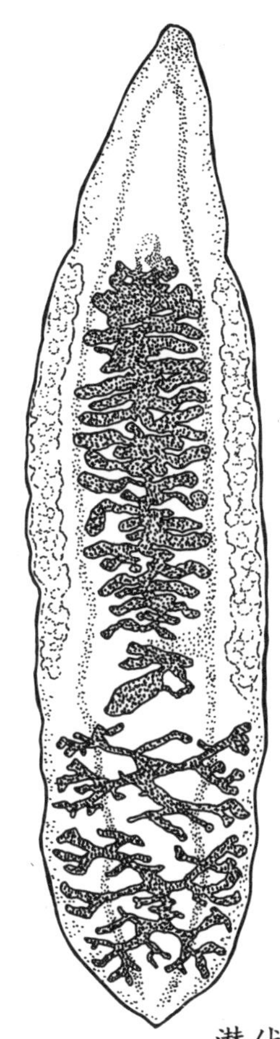

潜伏在淡水鱼体内的吃货杀手

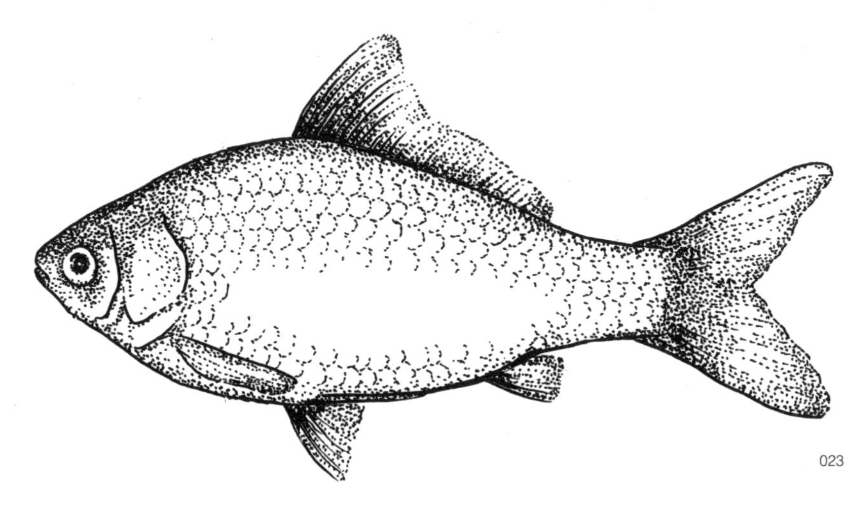

横川后殖吸虫

Metagonimus yokogawai

分类：吸虫纲
体长：成虫 1 ～ 1.5 毫米
第一中间宿主：短沟蜷 第二中间宿主：香鱼 终宿主：人、狗、猫、老鹰
分布：东亚

有着“清流女王”美誉的香鱼，是鲑形目的一种鱼类。香鱼身上带有一种类似黄瓜或西瓜的清香，为了更好地品味这种清香，人们将生香鱼切片直接食用，而这种吃法恰恰是横川后殖吸虫梦寐以求的。

横川后殖吸虫是一种体长 1 毫米左右的小型吸虫。它们通过侵入香鱼等淡水鱼，最终寄生到人的小肠里。这种寄生虫广泛分布在亚洲东部地区，和异尖线虫并列为日本感染病例最多的两大寄生虫。横川后殖吸虫最早由研究人员横川定博士在中国台湾地区发现，便以他的姓氏命名。

横川后殖吸虫的卵在短沟蜷等螺的体内孵化，变态发育成带着尾巴的幼虫。幼虫游出螺壳，侵入香鱼、银鱼等淡水鱼的皮肤，继续成长。这些鱼被人、猫、狗或老鹰吃掉后，幼虫便得以在终宿主的体内成长为成虫。成虫在终宿主的小肠内产卵，卵随粪便排出体外，又被短沟蜷吃掉，便开始下一代的生命周期。

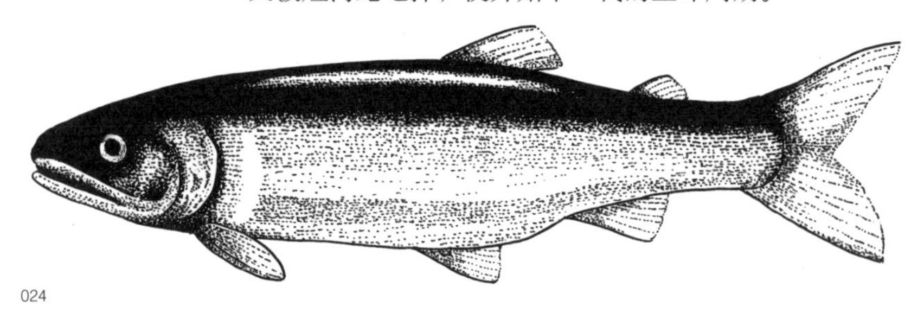

野生香鱼在哪里，我就在哪里

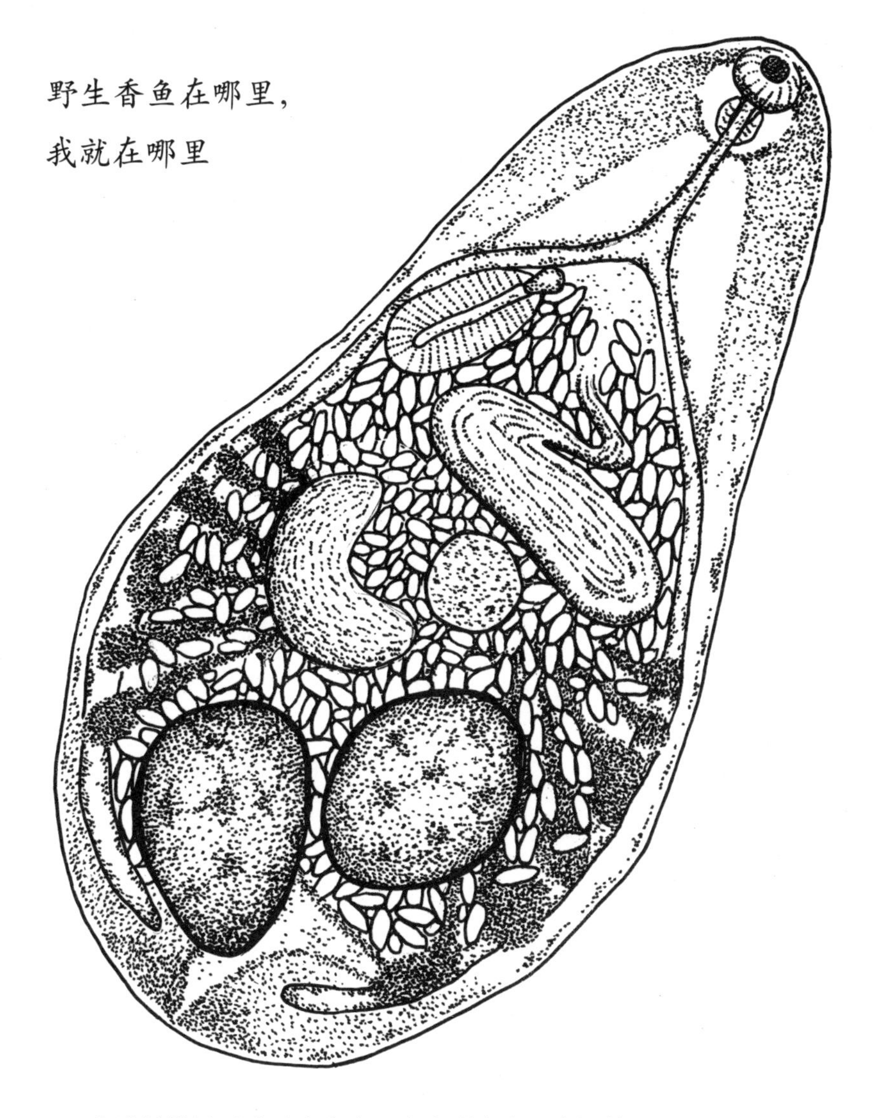

人类被横川后殖吸虫寄生，会出现腹痛、腹泻等症状，但大多症状较轻。虽然人工养殖的香鱼身上没有这种寄生虫，不过为了安全，最好不要生食。用油炸、烧烤等烹饪方法将鱼做熟，吃起来会更放心。

日本血吸虫

Schistosoma japonicum

活在血液里的寄生虫

分类：	吸虫纲
体长：	雄性成虫 12 ～ 20 毫米， 雌性成虫 25 毫米
中间宿主：	湖北钉螺
终宿主：	人、狗、猫、牛等哺乳动物
分布：	东亚、东南亚

日本血吸虫是一种体形细长的吸虫，广泛分布在亚洲。人们在它流行的水域游泳、赤脚下水田劳作时，幼虫会趁机扎破皮肤，侵入人体。发育为成虫后，雌性和雄性在合抱[①]的状态下寄生到宿主的门静脉血管

① 雌雄合抱是血吸虫发育过程中一种特殊的生物学现象，雌虫进入雄虫的抱雌沟内，发育成熟后产下卵。

中，产下大量的卵。产出的卵会堵塞血管，使宿主出现肝硬化、腹腔积液、贫血、脑损伤等症状，严重时会危及生命。曼氏血吸虫、埃及血吸虫、日本血吸虫等血吸虫病在全球的患者人数超过 2 亿，和疟疾、丝虫病并称为“世界三大寄生虫病”。在中国，只有日本血吸虫病流行，所以通常将日本血吸虫病简称为血吸虫病。日本山梨县甲府盆地、广岛县片山地区、筑后川流域等地都曾是血吸虫病疫区。根除这种疾病是这个国家多年来的夙愿。

山梨县甲府市自古有一种腹腔积液致死的怪病，原因不明，令人们困扰不已。1897 年，身患该病的农家女子杉山奈加给她的主治医生吉冈顺作写了一封信，信中写道：“只要查明这种可悲的风土病，我便再无他求。请在我死后解剖遗体。”6 天后，女子去世，医生解剖遗体，在其胆囊和十二指肠中发现了数量惊人的虫卵。1904 年，当地三神三朗医生饲养的猫也出现了腹部肿胀，研究这种疾病的桂田富士郎博士解剖了它，在其肝脏中发现了这种新型寄生虫，把它命名为“日本血吸虫”。4 天后，广岛县片山地区的一家诊所医生提供了一具被害者遗体，京都大学医学院的藤浪鉴博士将其解剖，在肝脏中也发现了这种寄生虫。引起怪病的原因终于找到了！接连的发现震惊了学术界，被后人载入史册。

尽管发现了寄生虫是引起该病的原因，但当时的人们尚不知晓它的感染途径。1913 年，九州大学医学院的宫入庆之助博士与铃木稔博士终于在佐贺县的疫区发现，一种小型螺是该寄生虫的中间宿主，那就是湖北钉螺带病亚种。至此，困扰人们多年的谜团得以解开。

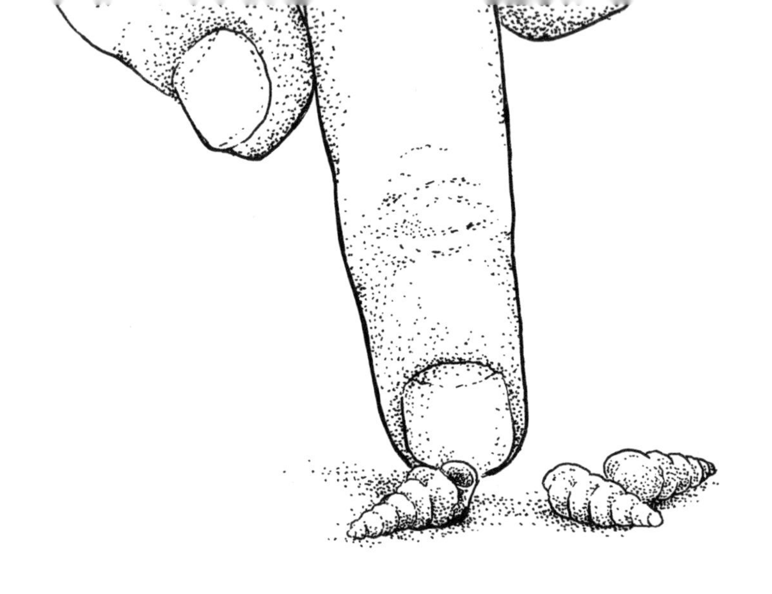

于是，人们终于得以了解日本血吸虫的生命周期：它们的卵随宿主的粪便排出体外，在水中孵化；幼虫侵入湖北钉螺，在其体内发育后游到水中；之后侵入人的皮肤，引起腹腔积液等症状。日本血吸虫是人们发现的首个幼虫阶段寄生淡水螺的血吸虫。此后，人们又陆续在世界各地发现了类似的寄生虫中间宿主。

打断寄生虫的生命周期，就可以根除寄生虫。对日本血吸虫来说，只要消灭它的中间宿主，它就失去了幼虫时期的生存环境，也就不会产生下一代。于是，日本在全国开展了历时百年的根除行动，最终成功消灭了栖息在疫区的湖北钉螺带病亚种，日本血吸虫也随之从日本消失，山梨县和福冈县分别于 1996 年和 2000 年宣布血吸虫病被消灭。筑后川流经的久留米市曾经消灭了大量的钉螺，因此现在建有一座钉螺供养塔，以祭奠那些在根除行动中被人为消灭的钉螺。

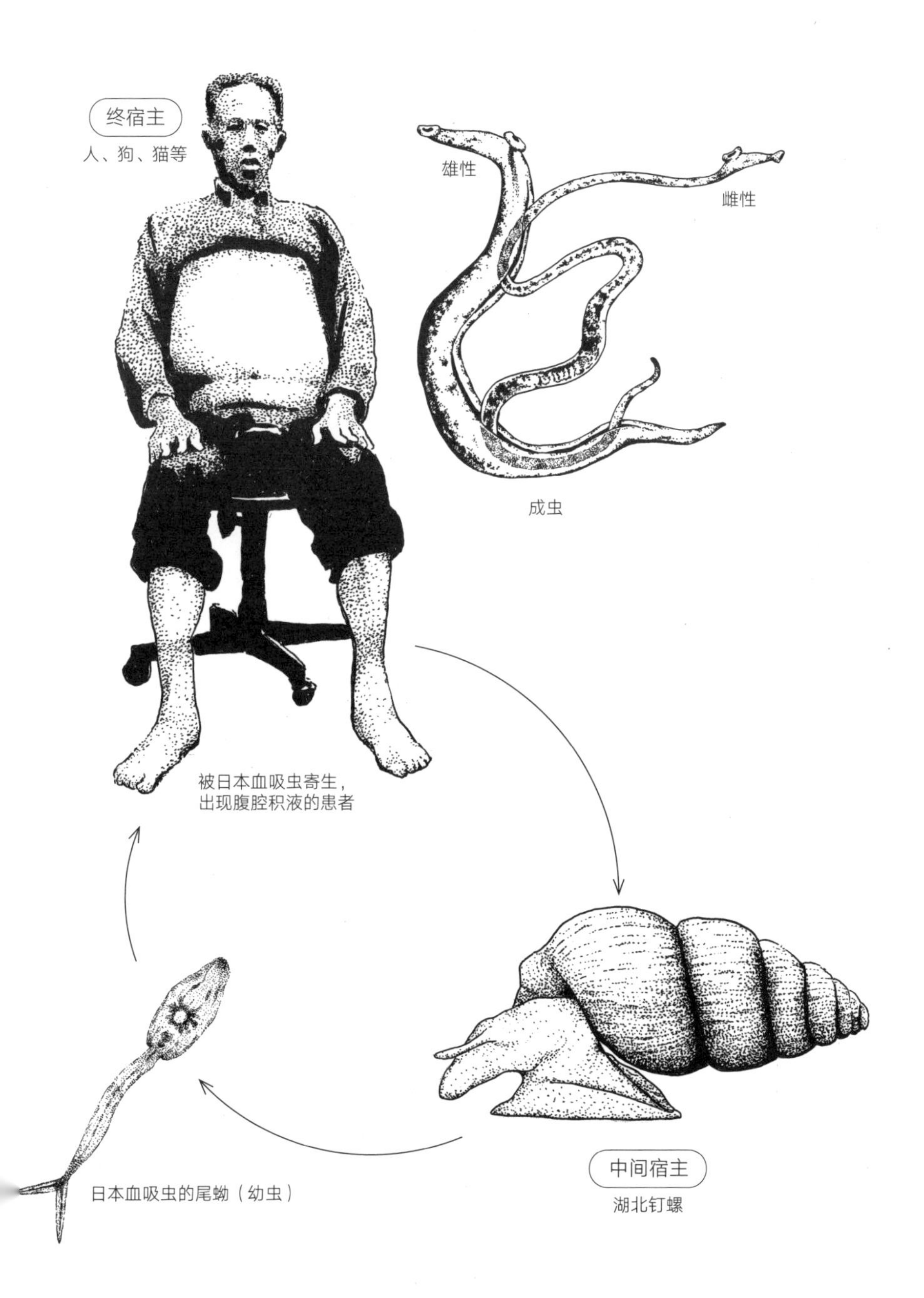
终宿主
人、狗、猫等
雄性
雌性
成虫
被日本血吸虫寄生，
出现腹腔积液的患者
中间宿主
湖北钉螺
日本血吸虫的尾蚴（幼虫）

日本真双身虫

Eudiplozoon nipponicum

唯有死亡能将我们分开

分类：吸虫纲
体长：10 毫米
宿主：鲤科鱼类
分布：亚洲、欧洲

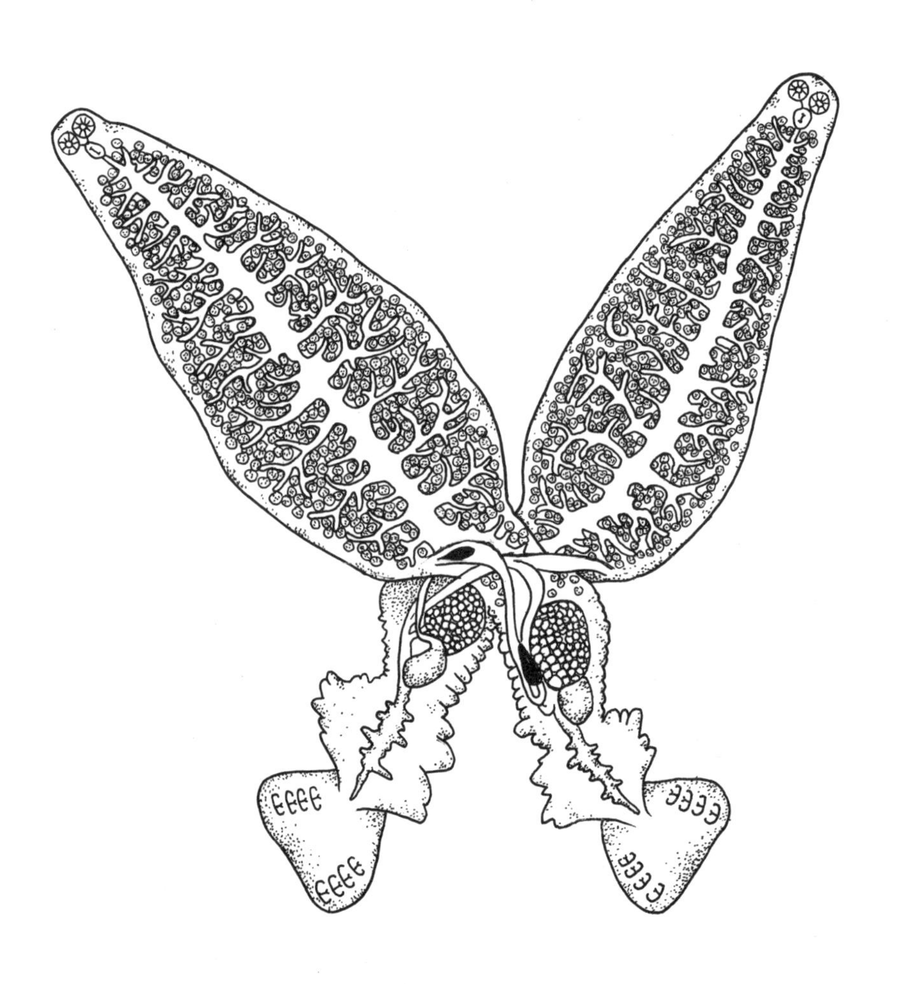

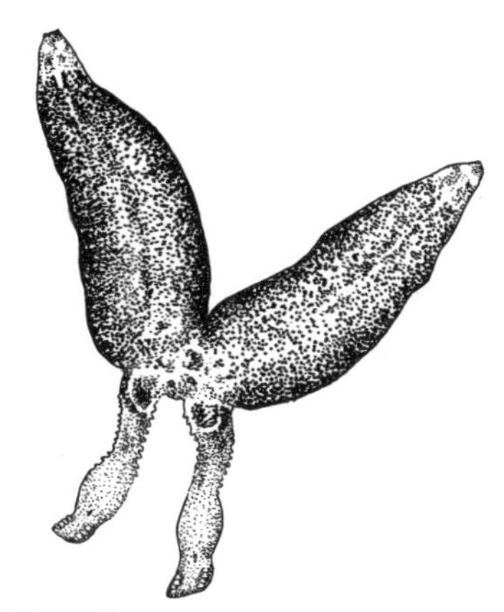

日本真双身虫是一种寄生在鲤鱼鳃部的吸虫。像蝴蝶展翅飞舞一样的形态是两只真双身虫结合后形成的。单只真双身虫在鲤鱼的鳃部游走,寻找自己的伴侣;遇到后立刻贴上去，不管三七二十一便一见钟情地结合在一起。毕竟鲤鱼在广阔的水域中自由游动，在它们的鳃上,不知道什么时候才能迎来下一次相遇。所以,真双身虫不会放过任何一个机会。

真双身虫是雌雄同体，单只真双身虫就能自体受精，也能产卵。但是如果不在幼虫时期和另一半结合,它们就无法发育成熟。结合后，一方的雄性生殖管与另一方的雌性生殖管连在一起，彼此通过交付精子来交换遗传物质，仿佛在说:“从此我们同生共死。”如果硬把两只结合在一起的真双身虫扯开，其生殖器就会遭到破坏，它们也会随之死去——感情这么深，想必下辈子也注定在一起吧。

或许正因如此，日本真双身虫被目黑寄生虫馆作为博物馆的标志。博物馆纪念品商店出售的以它为原型的钥匙链很受女性欢迎，据说能够提升爱情运势。

冈本异钩盘虫

Heterobothrium okamotoi

袭击名贵鱼类的“吸血鬼”

分类：吸虫纲
体长：成虫 20 毫米
宿主：红鳍东方鲀
分布：日本

红鳍东方鲀是河豚中最昂贵的品种，不仅野生的十分名贵，人工养殖的也价格不菲。而有一种寄生虫令养殖者恨之入骨，那就是吸虫纲的冈本异钩盘虫。

这种寄生虫又叫“鳃虫”。顾名思义，它们会钻进红鳍东方鲀的鳃或围鳃腔壁（包围鳃的外壁）上。成虫有 4 对抱握器，生长在身体后方的左右两侧。它们用这个器官扒住鳃盖内侧的组织，吸食宿主的血。被寄生的红鳍东方鲀通常会出现贫血症状，严重的甚至因此死亡。

成虫产下的卵连成串，像一条细长的线，长度可达 2 米以上。孵化出的幼虫在水中游来游去，游到红鳍东方鲀的鳃部后开始寄生，边吸血边发育成长。由于成串的卵很容易缠到养鱼池的网上，因而一旦有冈本异钩盘虫成功寄生到养殖场的红鳍东方鲀身上，鱼池中就会爆发感染循环，有时还会引起红鳍东方鲀大面积死亡。这对养殖者来说简直就是一场噩梦。

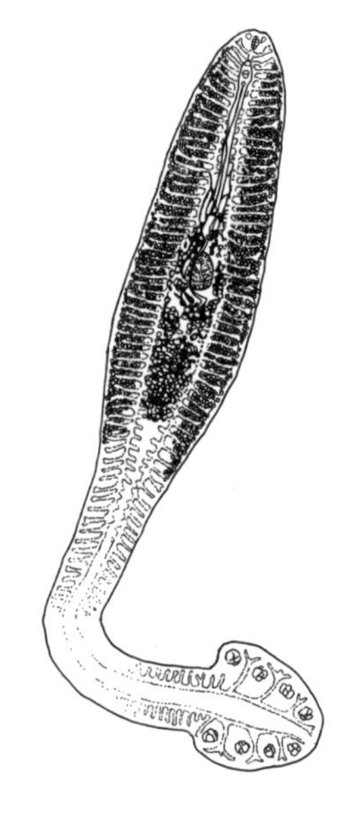

为避免悲剧发生，养殖者不得不采取预防措施，比如定期换网、清除养鱼池上的虫卵、投放杀虫药物等。虽然费时费力，但为了保护好这种高档商品鱼，这也是无奈之举。而冈本异钩盘虫为了延续种群，也会拼命地产下大量的卵。人类和冈本异钩盘虫之间的较量，就像一场斗智斗勇的生存游戏。

红鳍东方鲀的头部（摘除鳃盖后），围鳃腔壁上寄生着许多冈本异钩盘虫。

小林三代虫

Gyrodactylus kobayashii

分类：吸虫纲
体长：0.3 ~ 0.8 毫米
宿主：金鱼、鲤鱼
分布：世界各地

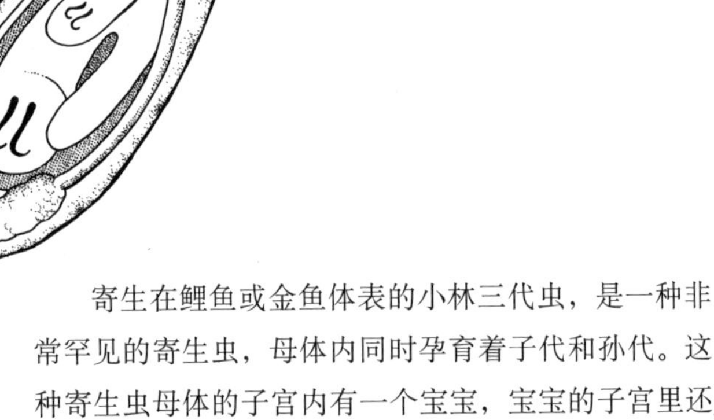

寄生在鲤鱼或金鱼体表的小林三代虫，是一种非常罕见的寄生虫，母体内同时孕育着子代和孙代。这种寄生虫母体的子宫内有一个宝宝，宝宝的子宫里还有一个更小的宝宝。这就好比人类的胎儿在母亲的肚子里就已经怀上了自己的孩子。

这种现象归因于三代虫奇特的胚胎发育过程。母体子宫内的卵分裂成两半，一半细胞继续发育，形成第二代幼体；另一半细胞在第二代发育到一定程度后才开始分裂，分裂后的其中一半发育成第三代幼体，另一半成为静止状态的细胞（未来的第四代）。

三代虫用带有小钩的吸盘寄生在鱼类身上，靠吃鳃部的黏膜和上皮细胞为生。宿主被祖孙三代"抱团"榨取，心里肯定很不爽吧。

祖孙三代，和睦共处

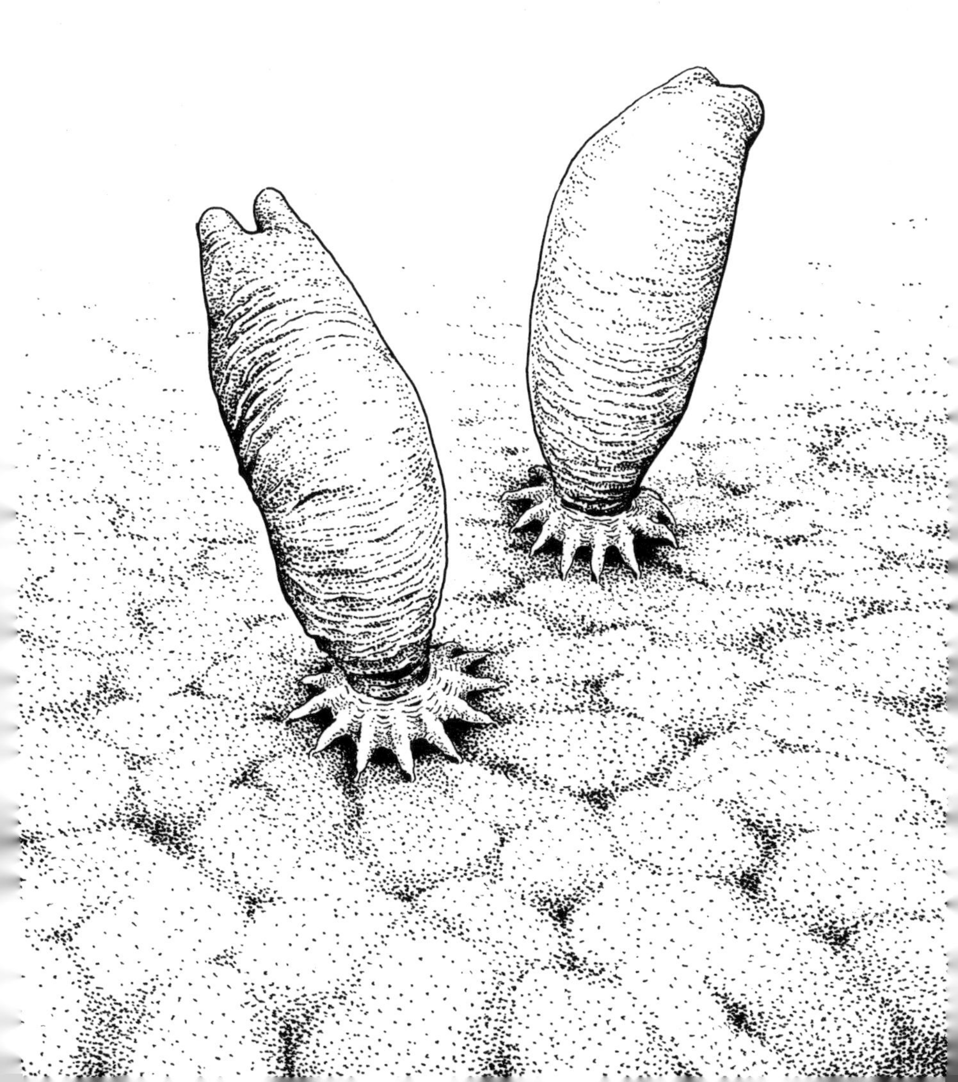

腔棘鱼的寄生虫

Neodactylodiscus latimeris

分类：吸虫纲
体长：0.7 ～ 1.3 毫米
宿主：腔棘鱼（*Latimeria chalumnae*）
分布：非洲的科摩罗群岛

从古生代相伴至今

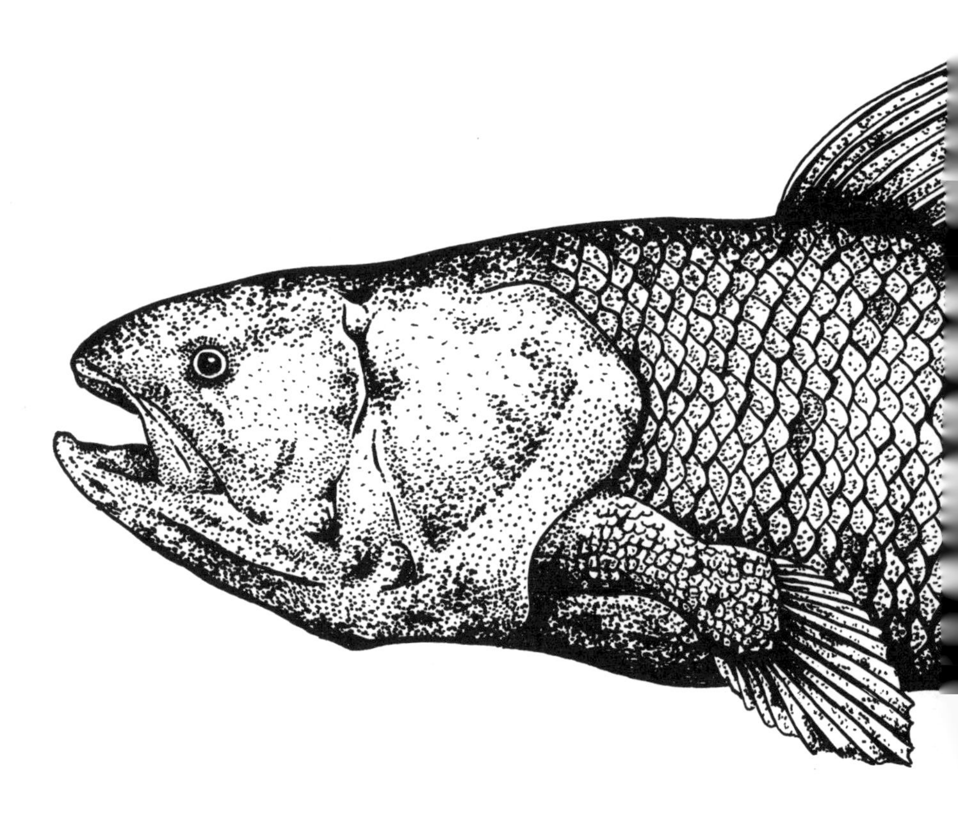

1938 年 12 月，南非东伦敦市博物馆的研究员拉蒂迈女士收到了一条从未见过的鱼。这条鱼是一艘拖网渔船在莫桑比克海峡外海捕获到的，它长相怪异，体形巨大。拉蒂迈女士将这条怪鱼的事告知了罗德斯大学的鱼类学家 J · L · B · 史密斯博士。这便是人们初次发现“活化石”腔棘鱼的经过。之前的研究认为，腔棘鱼诞生于 3 亿多年前的古生代泥盆纪，分布非常广泛，最终于 6600 万年前的中生代白垩纪灭绝。因此，发现腔棘鱼就好比发现了活恐龙，被认为是“20 世纪最大的生物学发现之一”。

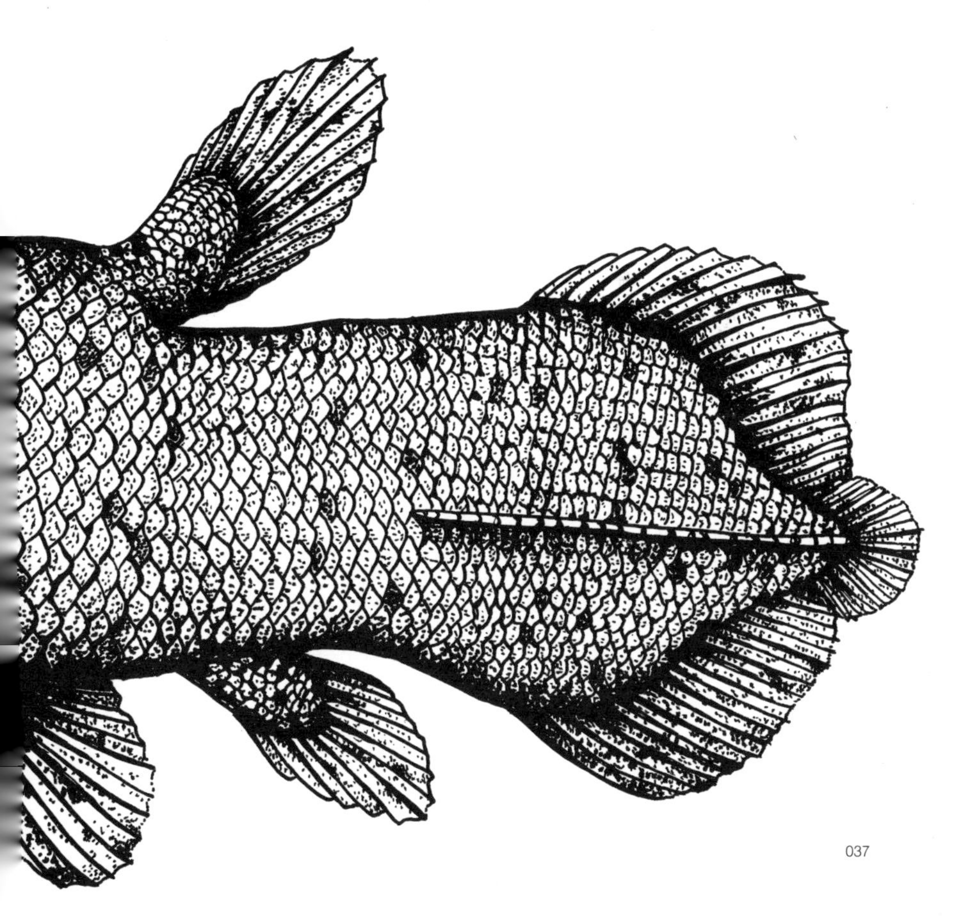

1966年，人们在腔棘鱼最初发现地附近的科摩罗群岛海面钓起一条体长154厘米、体重55千克的腔棘鱼。法国政府将这条鱼赠送给日本读卖报社的正力松太郎氏，用于学术研究。现在，这条腔棘鱼的实物标本依然在日本下关水族馆海响馆中展出。目黑寄生虫馆的创始人龟谷了博士见证了这条鱼的解剖过程，并在它的体内发现了新型寄生虫。

1968年，龟谷博士申请调查腔棘鱼身上的寄生虫。获得许可后，他先后三次前往腔棘鱼的最初存放地读卖乐园展开调查，从腔棘鱼的胃里发现了一种绦虫（*Tentacularia* sp.）的幼虫，从肠道中发现了异尖线虫和几只其他线虫，从鳃部发现了新型寄生虫。但是，前两次调查都没能获得新型寄生虫的完整形态标本。为此，龟谷博士在第三次调查中用牙科开口器打开腔棘鱼的鳃盖，一边往内冲水，一边用牙刷摩擦鳃的表面，最后将回收的四袋冲洗水逐滴制成玻片标本，放到显微镜下一一观察。经过高强度的实验，龟谷博士终于发现了这种寄生虫的完整形态。

龟谷博士把这种寄生虫命名为"*Neodactylodiscus latimeris*"，于1972年对外公布了这个新物种。这个名字中的"discus"意思是"盘"，取自这种寄生虫具有类似吸盘的特殊结构（右图中的AD）；"latimeris"取自最初发现腔棘鱼的拉蒂迈女士的名字。

3亿年来，腔棘鱼以不变的姿态遨游于海洋中，被认为是现存最古老的鱼类。这种寄生虫或许也陪伴着宿主腔棘鱼度过了数亿年的漫长时光。在龟谷博士调查前，没有人从腔棘鱼的腮中发现过寄生虫，它的发现也许同样称得上是名留生物学史的重大发现了。

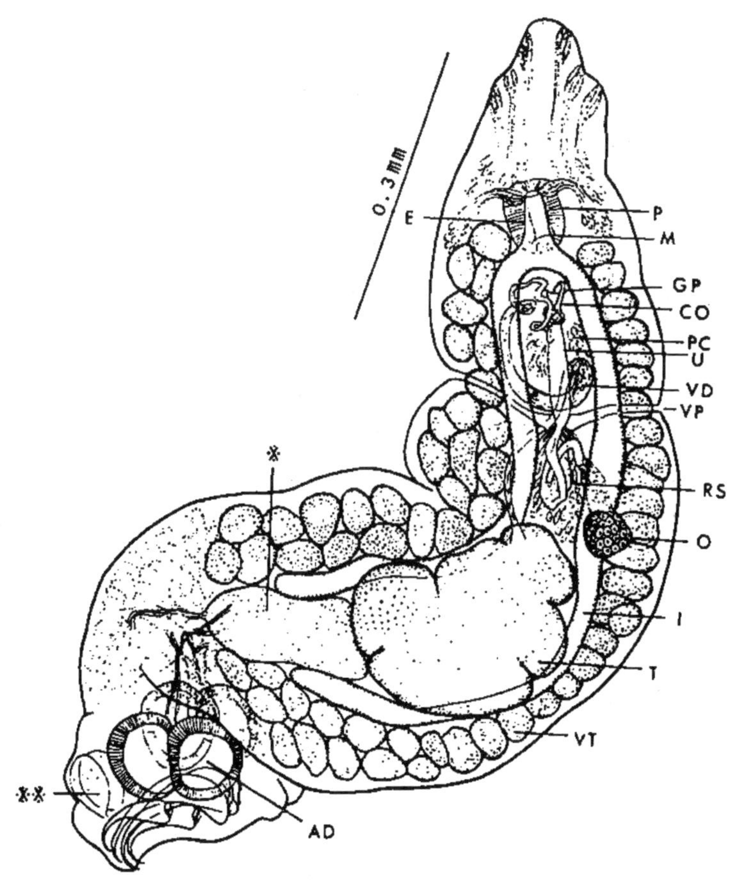

Neodactylodiscus latimeris (KAMEGAI, 1971)

龟谷了博士绘制的腔棘鱼寄生虫身体结构图（摘自《目黑寄生虫馆资讯 第 130 期》）

多房棘球绦虫

Echinococcus multilocularis

分类：绦虫纲
体长：成虫 1 ～ 5 毫米
中间宿主：老鼠 终宿主：狐狸等犬科动物
分布：主要在北半球

日本北海道的狐狸身上有一种个头很小、杀伤力却很强的寄生虫——多房棘球绦虫。在自然界中，这种绦虫的中间宿主主要是老鼠，终宿主主要是狐狸，人类原本不是它们的宿主。但是，狐狸粪便中的虫卵有时会误入人类口中——人们接触被野生狐狸粪便污染的土壤、在山中吃下刚刚采摘的野生草莓，都可能感染多房棘球绦虫。

虫卵在人体内孵化成幼虫，幼虫主要寄生在肝脏，形成蜂巢状的包囊。多房棘球绦虫在并非宿主的人类体内无法发育为成虫。它们以幼虫的形态不断增殖，数量越来越多。人感染多房棘球绦虫后，大约 10 年内都不会出现症状，但随着幼虫数量增多，多房棘球绦虫的包囊越来越大，渐渐堵塞感染者肝脏内的胆管和血管，引发严重的肝功能异常；到了晚期，发展为重度肝功能衰竭，发育中的包囊部分破裂，幼虫随着血液转移到肺、大脑、骨髓等各个器官中。要想彻底消灭体内的寄生虫，需要通过外科手术取出幼虫，但是当人类出现自觉症状时，体内早已有大量幼虫。因此，如果没有在感染初期及时治疗，90% 以上的感染者都会被多房棘球绦虫夺走生命。

在北海道，狐狸的多房棘球绦虫感染率已经达到40%。多房棘球绦虫原本多分布在阿拉斯加和千岛群岛。20 世纪前期，北海道人为了获取毛皮，从千岛群岛引入了一批狐狸。没想到这批狐狸还带来了多房棘球绦虫，把北海道变成了其寄生地之一。尽管如此，人们也不能轻易把栖息在北海道的狐狸都消灭掉，毕竟当初把它们带来这里的是人类。

和狐狸一同到来的“不速之客”

日本海裂头绦虫

Dibothriocephalus nihonkaiensis

体长 10 米的超大型寄生虫

分类：绦虫纲	体长：5～10 米
第一中间宿主：剑水蚤 第二中间宿主：马苏大麻哈鱼、驼背大麻哈鱼等 终宿主：人	
分布：日本	

日本海裂头绦虫的成虫外形酷似宽面条，体长可达 10 米以上，是寄生虫界体形最大的成员之一。目黑寄生虫馆就藏有一个长 8.8 米、有着约 3000 个体节的日本海裂头绦虫标本。这种寄生虫虫体很薄，容易断裂，这么长的标本非常珍贵，值得一看。

日本海裂头绦虫的幼虫侵入终宿主人类的体内后，迅速长大，一个月左右发育为成虫。在它们身上，寄生生活不需要的多数器官显著退化（对寄生虫而言也许是一种进化），基本只有生殖器保持活跃的功能。它们的身体由几千个体节组成，每个体节都有精巢和卵巢，单只虫体即可完成繁殖，每天能产下 100 万个卵。含有虫卵的粪便被剑水蚤吃掉，剑水蚤被马苏大麻哈鱼吃掉，马苏大麻哈鱼又被人类吃掉。通过这样的过程，日本海裂头绦虫再次回到人类体内。

在国外，“绦虫减肥法”一度成为热点话题，有些人试图通过主动感染绦虫来达到减肥的目的。不过，寄生虫对人体来说终归是异物，就更不用说日本海裂头绦虫这种体长远远超过人类的生物了。用这种方法，即使体重下降，消耗的也不仅仅是脂肪，还有减肥者的身体健康。感染绦虫可能导致腹泻、腹痛、贫血等自觉症状，部分种类的绦虫还可能威胁到生命。减肥没有捷径，奉劝大家认清这一现实。

猪带绦虫

Taenia solium

分类：绦虫纲
体长：幼虫 1 厘米，成虫 2～3 米
中间宿主：猪 终宿主：人
分布：世界各地

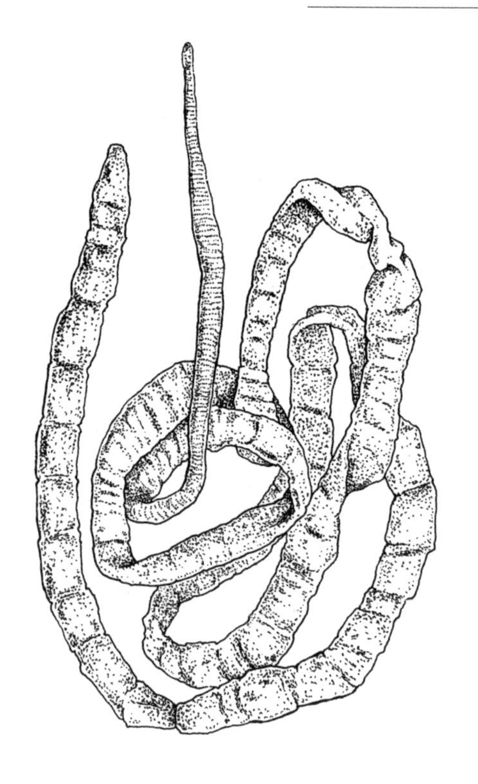

猪带绦虫也叫有钩绦虫，它们的头部有 4 个吸盘，还有一个名叫顶突的结构，上面长有许多小钩。猪带绦虫的中间宿主是猪，人通过食用猪肉感染这种寄生虫，因此英文名叫 pork tapeworm。它们体形很大，成虫体长可达数米。不过成虫通常会在人的肠道里老老

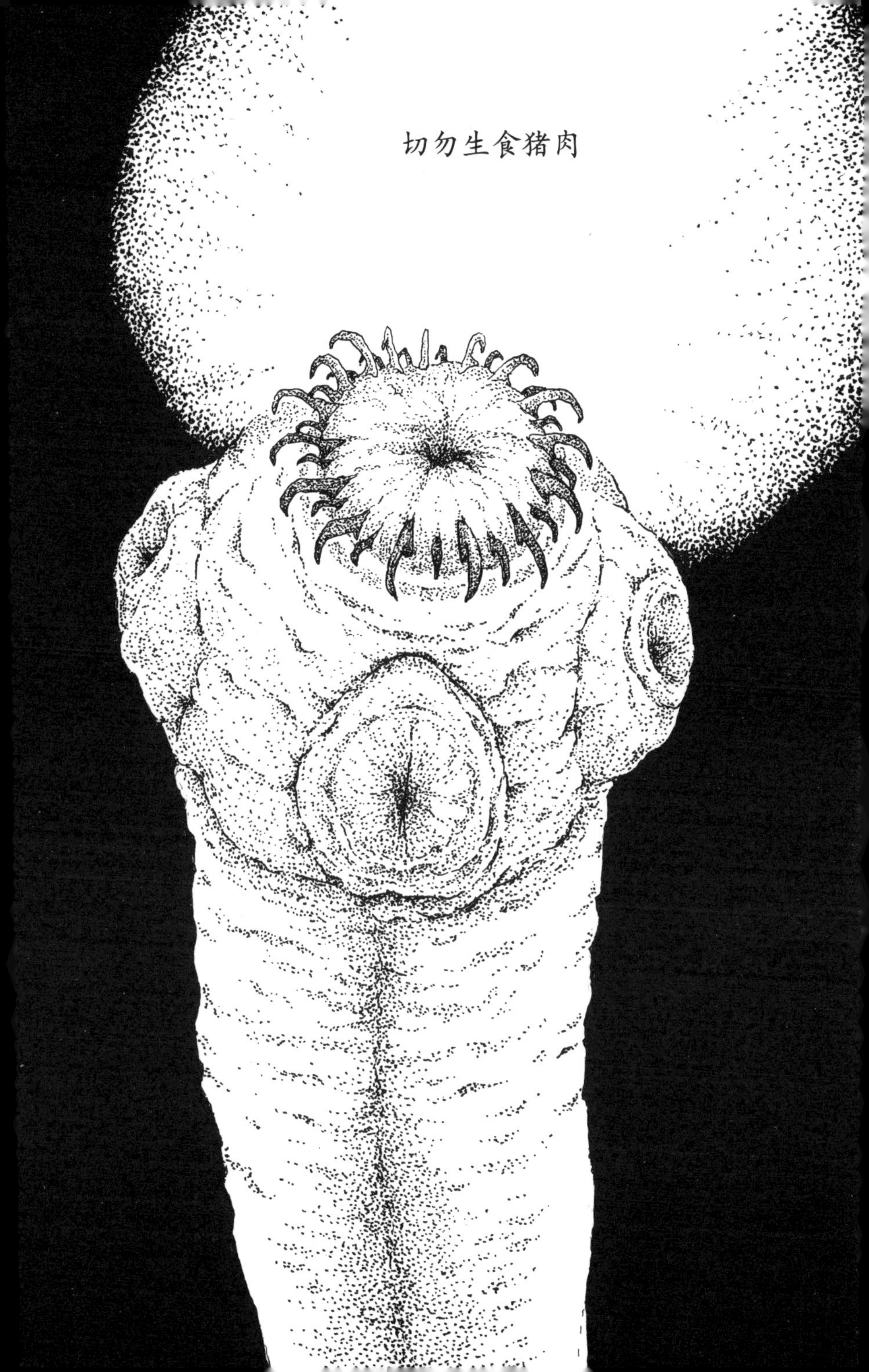
切勿生食猪肉

实实地生活，不会引起严重症状。这种寄生虫的危害，主要是幼虫带来的。

当寄生在人体肠道内的成虫身体破裂，体内的卵会孵化出名为六钩蚴的幼虫，随血液或淋巴液从肠壁扩散到人体的各处组织，发育成椭圆形的囊尾蚴。囊尾蚴如果寄生到皮肤或肌肉内，只会形成小拇指大小的结节；而一旦进入心脏、眼睛、脊髓、大脑等重要器官，后果会非常严重。特别是侵入大脑的囊尾蚴，它们会压迫大脑，引起痉挛、脑水肿、麻痹等危重症状。

为防止感染猪带绦虫，我们在食用猪肉之前，必须把它充分加热。对进口猪肉和野猪肉的食品卫生安全，需要格外注意。

圈养的猪之所以会感染猪带绦虫，往往是因为它们的饲料被含有寄生虫卵的人类粪便污染了，因此只要卫生管理到位，猪肉中一般不会存在这种寄生虫。不过，除了猪带绦虫，猪肉还可能被戊肝病毒或引起食物中毒的细菌污染。正是基于以上原因，日本厚生劳动省[①] 2015 年正式禁止供给和销售用于生食的猪肉及猪内脏。

六钩蚴

顺便一提，猪带绦虫还有一个名叫牛带绦虫（beef tapeworm）的亲戚。牛带绦虫的中间宿主是牛，因为头部前端没有小钩，也叫无钩绦虫，它对健康的危害不像有钩绦虫那么严重。人生吃牛肉，可能会感染这种寄生虫。

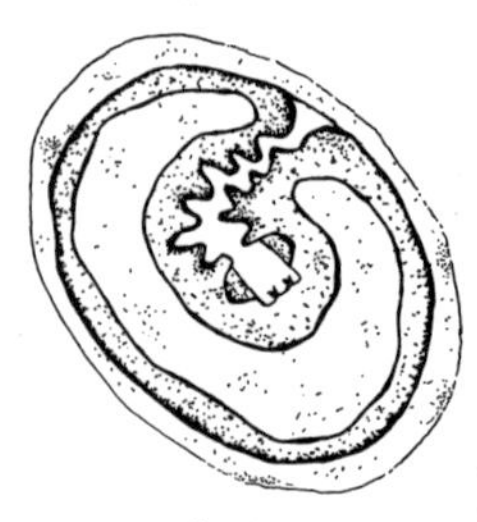

囊尾蚴

① 厚生劳动省：日本负责医疗卫生和社会保障的主要部门。

柱斜吻棘头虫

Plagiorhynchus cylindraceus

操控鼠妇的“刺儿头”

分类：古棘头虫纲
体长：幼虫 0.1 ～ 4 毫米，成虫 15 毫米
中间宿主：卷甲虫、鼠妇 终宿主：灰椋鸟
分布：欧洲、亚洲、美洲、非洲

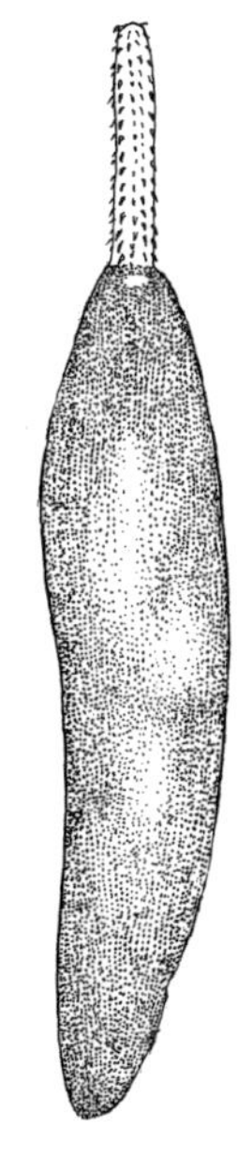

柱斜吻棘头虫的幼虫

柱斜吻棘头虫是一种以卷甲虫、鼠妇为中间宿主，以灰椋鸟等鸟类为终宿主的寄生虫。它们的身体由细长的躯干、短小的颈及细长的吻组成。吻上生长着多排倒钩，用来固着在宿主的肠道黏膜上。柱斜吻棘头虫没有嘴和肠道，通过体表来吸收宿主肠道内的营养。

一些寄生虫为了完成整个生命周期，会改变中间宿主的行为，柱斜吻棘头虫就是一个典型的例子。

柱斜吻棘头虫要想到达成长的最终阶段，必须让它的中间宿主卷甲虫被灰椋鸟捕食。可是，卷甲虫平时总是躲在阴暗潮湿的地方，唯恐被捕食者发现，鸟类很难有机会吃掉它。于是，柱斜吻棘头虫驱使卷甲虫做出了一个莽撞的举动——

被柱斜吻棘头虫的幼虫寄生后，原本习惯在阴暗处活动的卷甲虫会在白天跑出来，把自己暴露在鸟类的视野中。“真走运！这么容易就发现猎物了！”卷甲虫很快会被灰椋鸟发现，沦为其腹中餐。

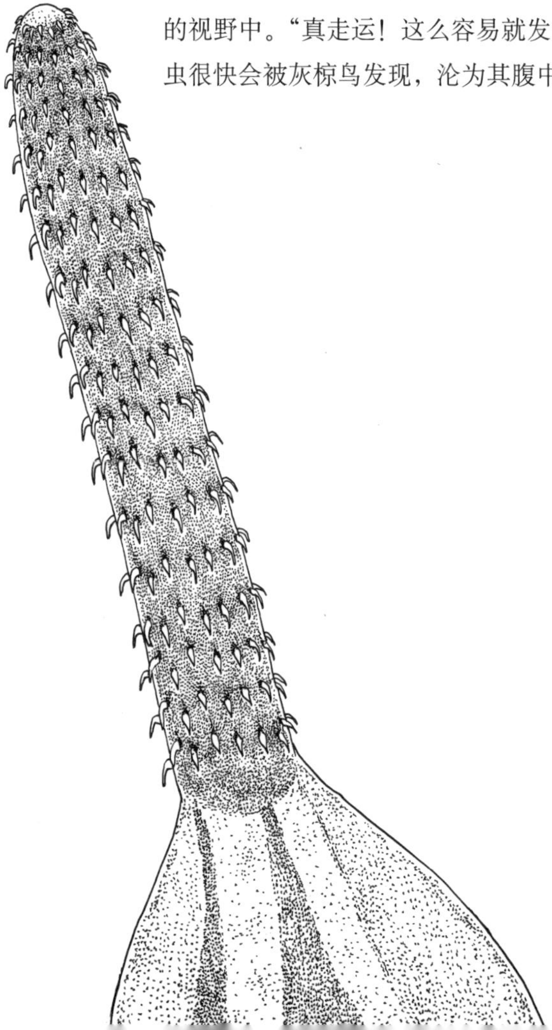

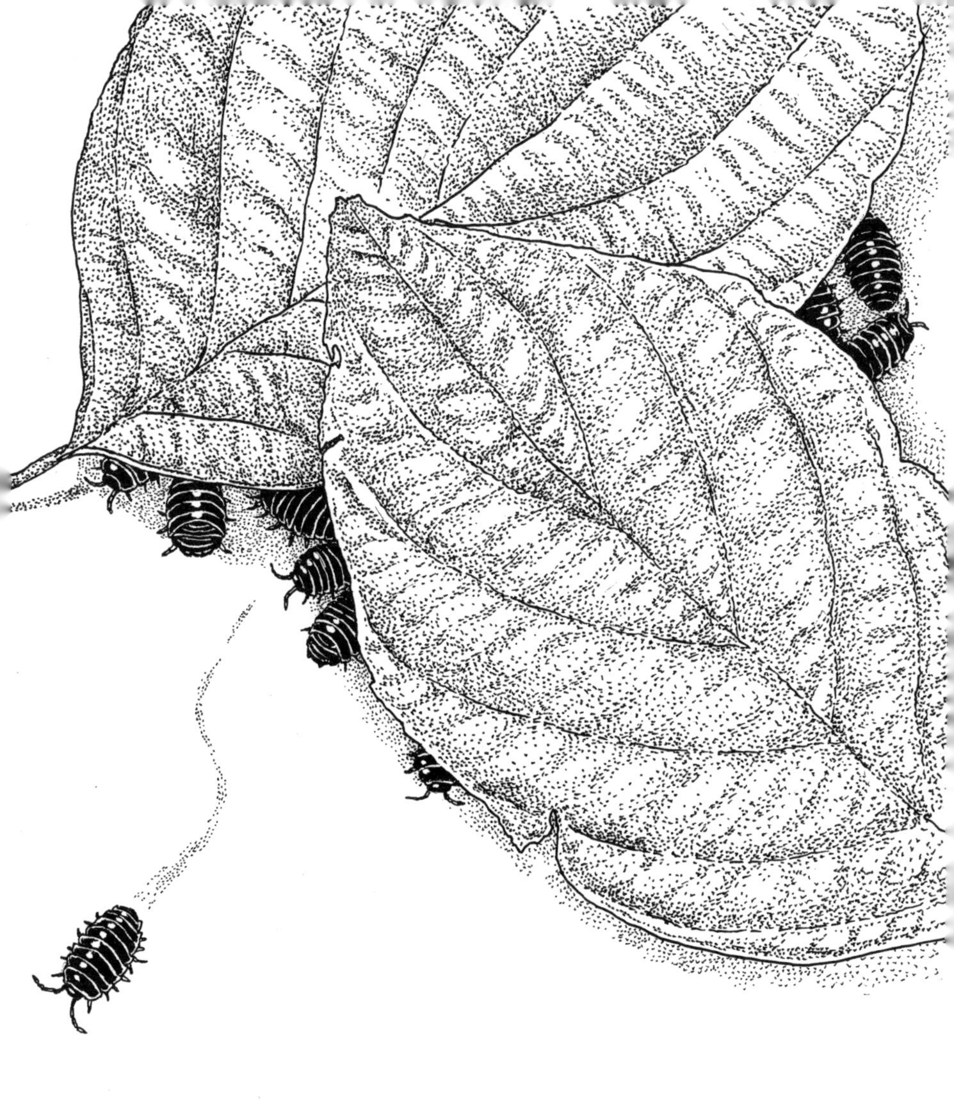

被灰椋鸟捕食后，柱斜吻棘头虫在其体内发育为成虫并产卵；卵随鸟粪排出体外，吃掉粪便的卷甲虫又会感染幼虫。柱斜吻棘头虫的生命周期就这样完成了。

卷甲虫的这种“自杀行为”被认为是受柱斜吻棘头虫幼虫操控的结果。严格来讲，柱斜吻棘头虫和其他被认为“会操控宿主”的寄生虫一样，恐怕都没有操控宿主的意识。它们只不过是在漫长岁月的无数次进化和尝试中，偶然发现“让卷甲虫移动到亮处”有助于自身种群的繁殖，于是将这种本能保留了下来。

线虫动物·线形动物

这类生物呈两端尖细的长圆柱形，没有体节构造。

目前已发现线虫动物约 2.8 万种，但据研究者推测，实际可能超过 100 万种。线虫动物和线形动物在形态和生活习性上有很多相似之处，互为并系群[1]。

① 并系群指由同一祖先演化而来的部分后代组成的类群。

日本铁线虫

Chordodes japonensis

分类：铁线虫纲
体长：10 ～ 40 厘米
宿主：螳螂
分布：日本

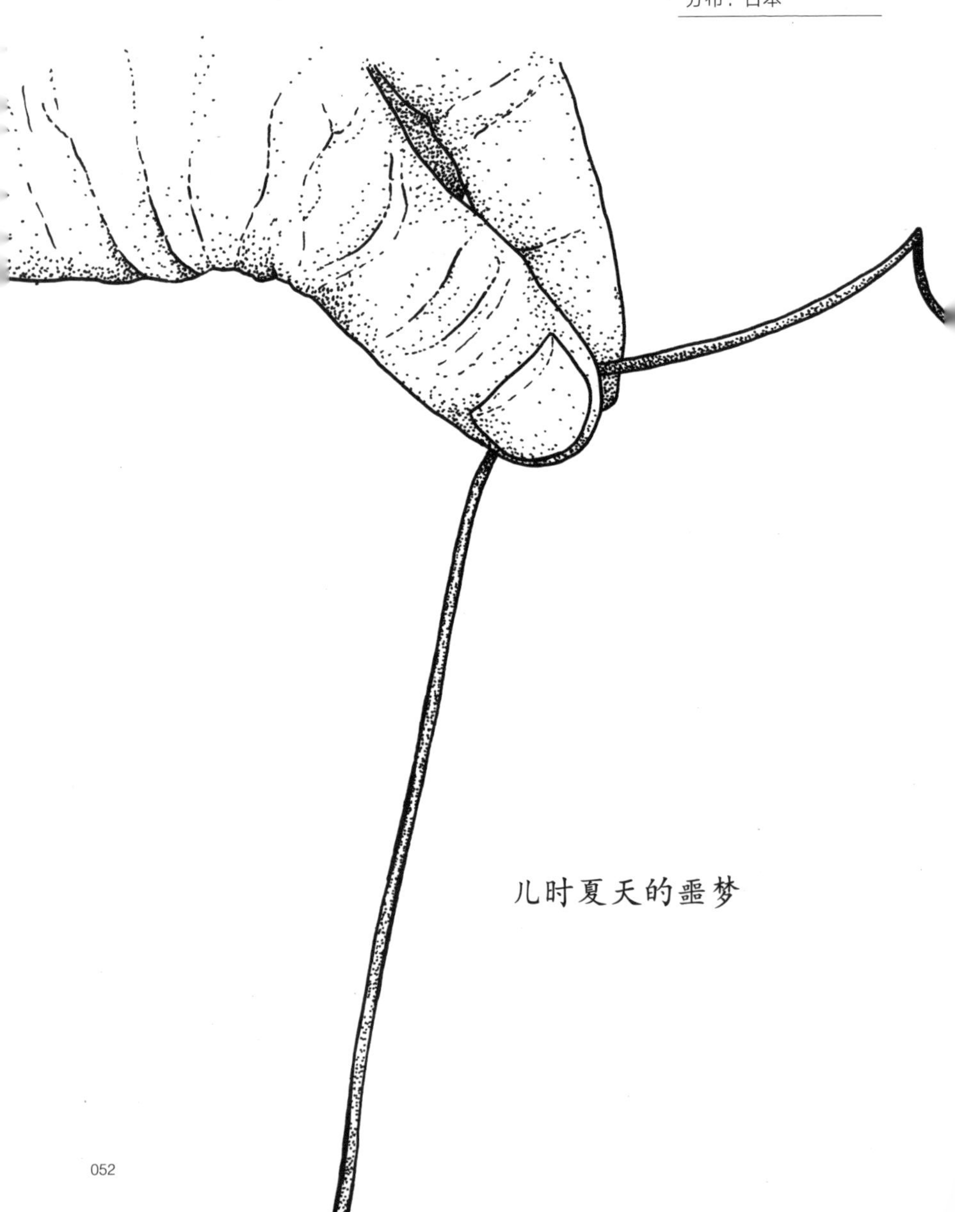

儿时夏天的噩梦

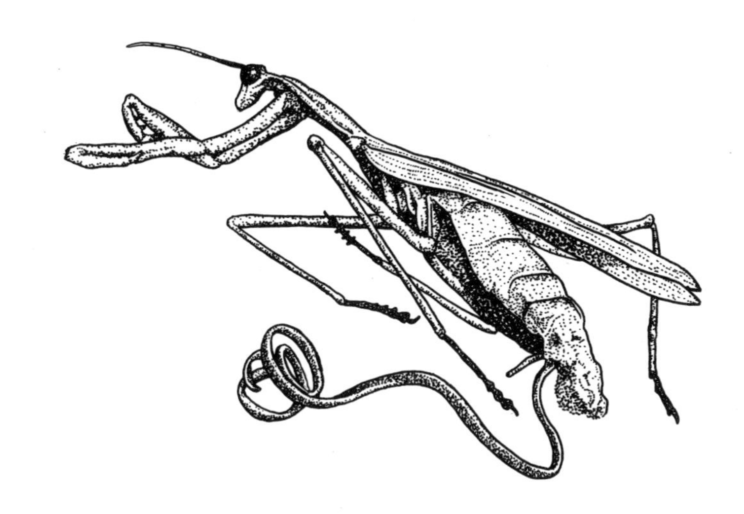

小时候，在炎热的夏天，你有没有观察过掉进水塘里的螳螂？如果有幸目睹一条硬邦邦、足有几十厘米长的虫子从螳螂的屁股里钻出来，一定会印象深刻吧！从生物的体内钻出一个比它长得多的物体，这场景很有几分导演雷德利·斯科特在80年代前后拍摄的电影风格。不过，这个物体不是其电影中的外星生物“异形”，而是铁线虫。

铁线虫属于线形动物门铁线虫纲，它们的体表覆有角质层，像金属丝一样硬。抓来一只被铁线虫寄生的螳螂，把它的腹部浸入水中，铁线虫就会从螳螂的腹部末端翻滚着身子钻出来。但若是不小心让铁线虫缠到手指上，想必会给幼小的心灵留下深深的阴影。

铁线虫在宿主的体内发育为成虫后，便会看准时机脱离宿主，进入水中过上自由的生活。有传言说“铁线虫会从指甲侵入人体”，听起来煞有其事。但实际上，铁线虫寄生人类的案例非常罕见，大家大可放心。

简单异尖线虫

Anisakis simplex

被人类改变了命运

分类：色矛纲
体长：幼虫 40 毫米内，成虫 5 ～ 20 厘米
中间宿主：磷虾 转续宿主：鲭鱼、鳕鱼、乌贼 终宿主：鲸鱼、海豚
分布：世界各地

要论日本臭名昭著的寄生虫，简单异尖线虫当属第一。很多人在生吃鲭鱼或乌贼刺身后不幸中招。异尖线虫是一种以鲸鱼等海洋哺乳动物为终宿主的寄生虫，其生命周期和海洋食物链息息相关。成虫将卵产在终宿主胃里，卵和粪便一起被排到海洋中；孵出的幼虫被中间宿主磷虾吃掉，磷虾又被鲭鱼等鱼类捕食，幼虫便聚集在这些鱼类的内脏里。它们被鲸鱼捕食后，异尖线虫终于抵达终宿主体内，发育为成虫。

而人类竟也加入了这个食物链。人类捕食被寄生的鲭鱼等鱼类，导致异尖线虫被困在并非终宿主的人类的胃里。被人类吃下肚的异尖线虫无法发育为成虫，它们一头扎进胃壁或肠壁里，导致人类出现过敏症状。得了异尖线虫病的患者赶到医院后，医生用内窥镜前端的镊子取出异尖线虫。至此，它们的一生就这样结束了，何其可悲。

寄生虫抵达真正的终宿主体内后，一般不会作恶。目黑寄生虫馆内有一个被大量异尖线虫成虫寄生的鲸鱼胃壁标本。作为真正的终宿主，鲸鱼没有受到任何影响。而如果大量异尖线虫寄生到人类的胃壁上，人类的身体肯定受不了。是人类改变了异尖线虫的命运，给双方都带来了不幸。

麦地那龙线虫

Dracunculus medinensis

从脚里钻出来一条“长绳”

分类：胞管肾纲
体长：最长 100 厘米
中间宿主：剑水蚤 终宿主：人
分布：非洲

在非洲，有时会看到让人震撼的一幕——人们用细棍把脚部皮肤里钻出来的“绳子”小心翼翼地缠走。这条将近 1 米长的“绳子”其实是麦地那龙线虫，它们的幼虫潜伏在剑水蚤体内。当人类喝下含有这种剑水蚤的水时，幼虫便趁机侵入人体，经由肠道移动到腹腔，在接下来的 12 个月里发育为体长近 1 米的成虫。接着，雌性成虫会移动到宿主腿部的皮下，在体内积蓄幼虫，并伺机把它们释放到外界。

进入这一阶段后，感染者会感到患处有一股火辣辣的疼痛，忍不住将腿浸到水里舒缓一下。这样做正中麦地那龙线虫的下怀——一旦患处接触水，雌性成虫就会迅速将幼虫释放到水中。这些幼虫被剑水蚤捕食后，便开始新一轮的生命周期。成虫移动到人类最先接触水的足部，使患处产生灼烧感和痛痒感。这样看来，麦地那龙线虫似乎是在诱导宿主前往释放幼虫的水源地。

麦地那龙线虫主要通过饮用水传播，很多病例都是家庭和社区内的集体感染。感染者疼痛难忍，无法干农活，导致贫困加剧。为此，世界卫生组织等国际组织纷纷采取措施。近年来，每年的感染人数已经从过去的 350 万人大幅降至几十人，麦地那龙线虫即将被人类消灭。

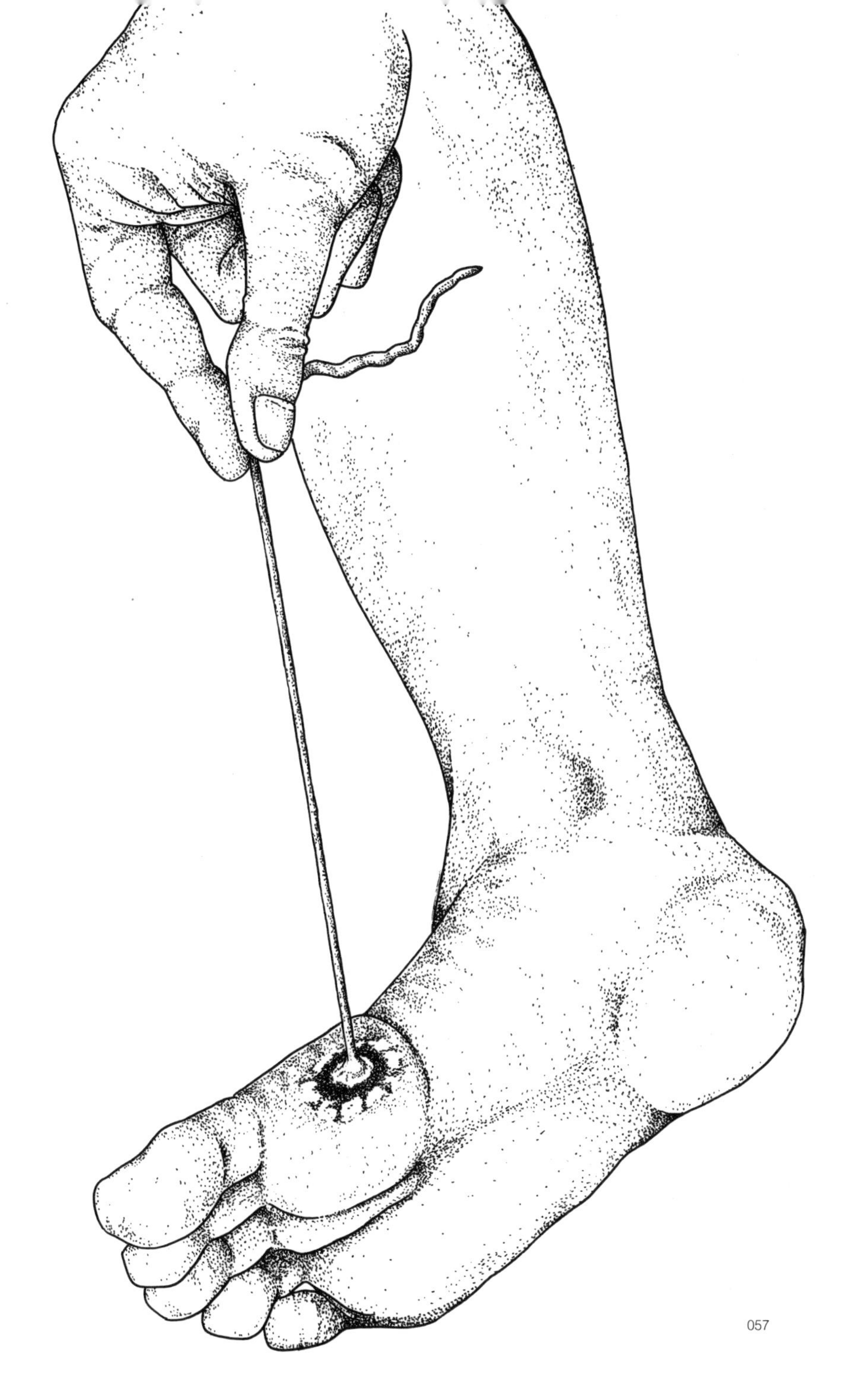

蛲虫

Enterobius vermiculari

分类：色矛纲
体长：雄性 2 ～ 5 毫米， 雌性 8 ～ 13 毫米
宿主：人
分布：世界各地

折磨屁股的寄生虫

你有没有看过这样一幅画：丘比蹲着往屁股上贴透明胶纸[①]——他怪不好意思地摆出这样的姿势，正是为了检查有没有感染全球常见的寄生虫蛲虫。

蛲(náo)虫是一种形似白色线头的线虫，成虫寄生在宿主的盲肠里。雌性成虫在其子宫内蓄满卵，趁宿主睡眠时沿着肠道爬出肛门，在肛门周围的皮肤上产下大约1万个卵。大量虫卵聚集在肛门周围，使肛门发痒，而这正是蛲虫的策略。当人下意识地挠痒时，虫卵就会附着到手指上，最终再次被送进嘴里。卵进入人体后，在十二指肠中孵化；孵化出的幼虫到达盲肠后，发育为成虫。

蛲虫多发于儿童，如果怀疑有蛲虫寄生，可以用透明胶纸粘拭肛门周围皮肤，然后让医生在显微镜下检查。因为蛲虫在宿主睡眠时产卵，所以要在早晨起床后第一时间用透明胶纸粘拭。肛门瘙痒可能导致失眠、腹痛等症状，好在这种寄生虫并没有那么可怕——日本通过全面普及上述检查和驱虫，目前已将蛲虫寄生率降至1%以下，小学低年级的义务检查也随之取消了。日常生活中，养成良好的卫生习惯，定期给衣物消毒，都有助于预防蛲虫感染。

---

① 这幅画来源于日本寄生虫预防协会发放的蛲虫检查说明书，画中小孩酷似1909年美国插画家罗丝·欧尼尔创作的角色丘比。

旋尾线虫

（第 10 型幼虫）

Crassicauda giliakiana

分类：色矛纲
体长：幼虫 5 ～ 10 毫米
中间宿主：萤火鱿、鳕鱼 终宿主：鲸鱼
分布：日本

好想成为理想中的大人

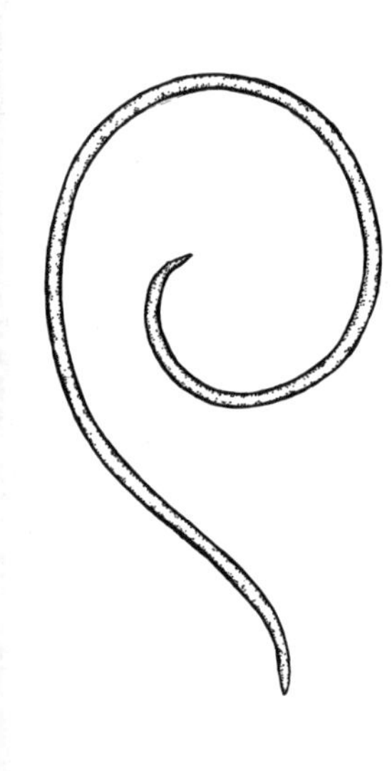

在日本，萤火鱿是一道春天的美味，很多酒馆会供应醋味噌风味的白灼萤火鱿。你有没有好奇过，为什么菜单里没有萤火鱿刺身呢？原来近年人们发现，萤火鱿体内寄生着旋尾线虫的幼虫。这些幼虫进入人体后，会在皮下到处移动，留下痕迹；甚至会爬到眼球等部位，引起非常严重的症状。因此，如果想生吃萤火鱿，必须冷冻几天或去除内脏后再吃。

未能进入真正宿主体内的寄生虫，会迎来悲惨的结局。由于人不是它们的终宿主，幼虫无法发育为成虫，只能以幼虫的形态在人体内徘徊。取出旋尾线虫的难度极高，只能等它们靠近皮肤表面时，做手术取出。

长期以来，人们发现的只有"旋尾线虫第 10 型幼虫"，而成虫去向不明。最新的基因分析结果终于解开了这个谜团：在阿氏贝喙鲸肾脏中发现的细长线虫，就是长大后的旋尾线虫。也就是说，旋尾线虫要想变成"理想中的大人"，只能期待萤火鱿被阿氏贝喙鲸等鲸鱼吃掉，而不是被人类端上餐桌。

犬心丝虫

Dirofilaria immitis

从天而降袭击爱犬

分类：色矛纲
体长：雄性成虫 20 厘米，雌性成虫 30 厘米
中间宿主：蚊子 终宿主：狗、猫、雪貂等
分布：世界各地

爱狗人士应该都听说过一种犬类疾病——犬心丝虫病。患病的狗狗会出现呼吸困难、腹腔积水、贫血等症状，最终衰弱至死。这种可怕的疾病是由一种叫作犬心丝虫的寄生虫引起的。犬心丝虫的成虫寄生在狗的心脏或肺动脉中，像面条一样细长，体长可达 20 ～ 30 厘米。

这种寄生虫“搭乘”蚊子飞到狗的身上。雌虫产下的幼虫趁蚊子从狗的身上吸血时，侵入蚊子体内，经过两次蜕皮后成为感染性幼虫。当蚊子再次吸血时，感染性幼虫经由蚊子的口器，从狗的伤口侵入其体内。丝虫中还有一种以人为最终宿主的班氏丝虫，它们也是通过蚊子寄生到人体内的。据说日本明治维新的功臣西乡隆盛出行时只坐轿、不骑马，就是因为感染了班氏丝虫引发象皮病，导致他阴囊肿大，无法骑马。

犬心丝虫在狗的体内发育为成虫后再用药驱虫，会导致成虫的尸体堵塞血管，引起危重症状。但是，通过驱除幼虫，这种疾病几乎可以 100% 预防。如果宠物狗感染了犬心丝虫病，就说明主人没有及时给它做好驱虫。为了狗狗能和主人一起更长久快乐地生活，希望养狗人士都能关注到这种寄生虫。

松材线虫

Bursaphelenchus xylophilus

令松树枯萎的另类组合

分类：胞管肾纲
体长：成虫 0.9 毫米
宿主：松树
分布：世界各地

松树干里的天牛刚完成蜕皮，这时，一种寄生虫悄悄向它接近……

每到秋季，日本北海道以外的许多地方都会出现松树枯萎的现象。长期以来，人们认为这种枯萎病是俗称为“食松虫”的松墨天牛等昆虫导致的，直到近年才发现，真正的凶手另有其“虫”。原来，一种名叫松材线虫的寄生虫会从松墨天牛啃食松树皮形成的伤口钻进松树里。这种寄生虫吃松树的细胞，阻碍水分从根部向上输送，最终导致松树枯死。

枯死的松树很适合松墨天牛生存，吸引它们来这里交尾、产卵。天牛的幼虫逐渐长大，在枯木中的蛹室羽化为成虫。这时，枯木内的松材线虫已经聚集到松墨天牛周围，从天牛的气门[①]进入其体内。携带松材线虫的松墨天牛在松林里到处飞，啃食健康的松树皮，松材线虫借机从树皮的伤口侵入松树。于是，松林中的松树便一棵接一棵地枯萎了。

在松墨天牛的帮助下，松材线虫得以移动到健康的松树上；它们令松树枯萎，给松墨天牛提供了更多产卵的地方。松材线虫的宿主是松树，它们和松墨天牛是互利共生的关系。一旦松树的两大天敌“狼狈为奸”，要想阻止它们扩大地盘可不容易。

① 位于昆虫等无脊椎动物体侧的小呼吸孔，与气管相连。

人蛔虫

Ascaris lumbricoides

分类：色矛纲
体长：雄性成虫 20 厘米，雌性成虫 30 厘米
宿主：人
分布：世界各地

人蛔虫俗称蛔虫，是体长 20 ～ 30 厘米的大型线虫动物，很容易被发现，在古希腊时期就已经为人类所知。如今，全球还有大约 14 亿感染者，换句话说，地球上每 5 个人中就有 1 人感染了蛔虫。

随粪便排到外界的蛔虫受精卵从口腔进入人体，在人体内孵化；幼虫从小肠经肝脏到达肺部，然后沿支气管向上移动到口腔，被吞咽后再次回到小肠。经过这样一场历时数月、复杂的人体旅行后，幼虫发育为成虫。雌性蛔虫的生殖器占据了身体的大部分，在 1 ～ 2 年的寿命即将走到尽头时，它们会全力调动生殖器，每天可产下 20 万个卵。如果只是少量蛔虫老老实实待在小肠里，不会引发大问题；但要是它们误入胆管或阑尾，则可能导致腹部剧痛。

在中国和日本，蛔虫的感染率曾经很高。第二次世界大战刚结束时，70% 的日本人都感染了蛔虫。后来，蔬菜栽培中使用的人类粪肥渐渐被化肥取代，抽水马桶也得到了普及，蛔虫寄生人体的难度越来越大，感染率大大降低。然而，蛔虫至今仍是最常见的人体寄生虫之一。此外，人蛔虫的近亲猪蛔虫也能感染人类。一些有机蔬菜用未经妥善处理的猪粪尿当肥料，导致猪蛔虫感染的病例不在少数。人类和蛔虫之间剪不断理还乱的关系，在未来一段时期内将会持续下去。

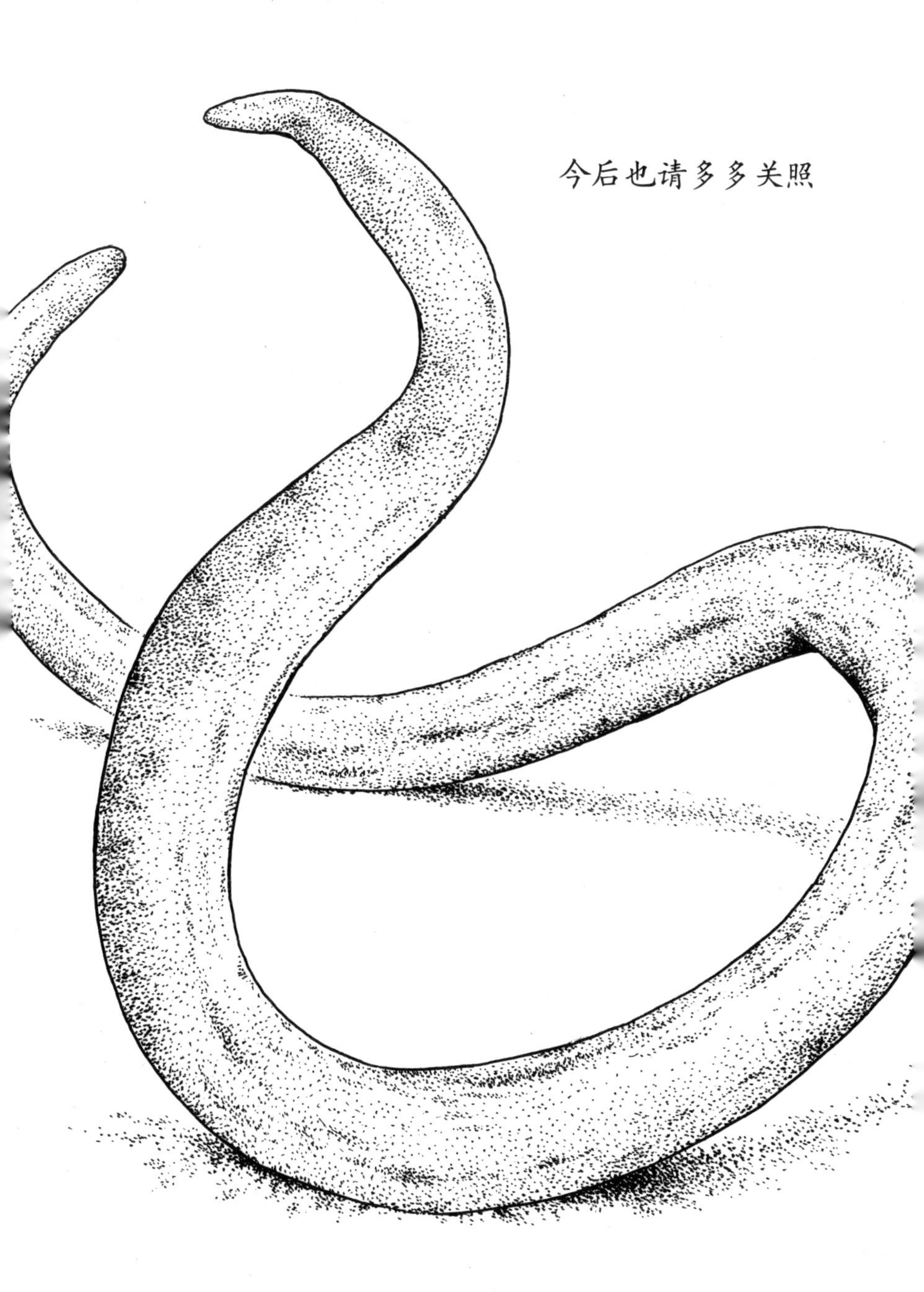
今后也请多多关照

浣熊贝蛔虫

Baylisascaris procyonis

外来生物不好惹

分类：	色矛纲
体长：	雄性成虫 10 厘米， 雌性成虫 20 厘米
宿主：	浣熊
分布：	北美洲

原产自北美的浣熊活泼可爱，憨态可掬。20 世纪 70 年代，受动画片《小浣熊》影响，每年都有几千只浣熊被作为宠物引入日本。然而，一些浣熊被遗弃、从饲养场所逃了出来，沦为野生动物，在全日本的野外肆意繁殖。它们有的啃食、毁坏农作物，有的闯入民宅随地大小便，惹下的祸层出不穷。这是人们当年的失策——浣熊的前肢很灵活，能够轻松打开门栓，而且成年后性情暴躁，并不适合作为宠物。最后正如动画片中所描绘的那样，浣熊从人类的“朋友”变成了“负担”，最终被遗弃在森林里。

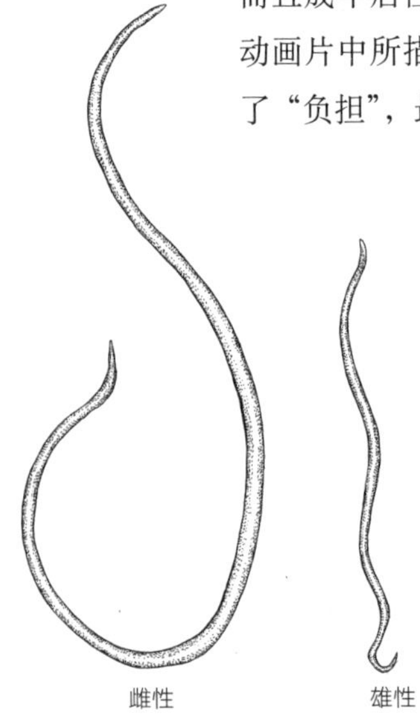

浣熊贝蛔虫的成虫

浣熊贝蛔虫是寄生在浣熊消化道里的寄生虫。它们待在原本的宿主浣熊体内时，不会引起明显症状。但如果卵或幼虫误入其他生物体内，就会惹出大麻烦。寄生到人、猴子、兔子、松鼠等生物身上的幼虫无法发育为成虫，一直以幼虫的形态在其体内到处移动，引起幼虫移行症。犬蛔虫和猫蛔虫进入人体也会引起这种疾病，不同的是，浣熊贝蛔虫的幼虫个头相对要大得多，足有 2 毫米，而且会移动到大脑或眼球处，引起非常严重的症状。雌虫每天在消化道里产下几十万个卵，这些卵随浣熊的粪便排入外界，经常接触混有这类粪便的土壤的孩子和猎人很容易感染。美国还出现过感染浣熊贝蛔虫导致失明和死亡的病例。

后来，日本根据外来生物法的相关规定，将浣熊列为“特定外来生物”，除研究用途以外，禁止将浣熊引入或销售至日本。如今，日本国内的野生浣熊身上没有发现浣熊贝蛔虫的寄生案例，但是曾经在动物园饲养的浣熊身上检测出这种寄生虫，所以无法确保浣熊贝蛔虫今后不会在日本国内传播，人们需要定期对动物园等展览设施内饲养的浣熊进行彻底检查，也要注意避免直接接触野生浣熊，不靠近它们的排泄地点。

随宠物舶来的寄生虫不止浣熊贝蛔虫。近年来，饲养国外稀奇生物有流行的趋势，过去国内没有的寄生虫跟随宿主进入国内的情况时有发生。像这样轻易更改动植物的生存环境，可能会大幅改变本土的生态体系，输入新的病原体。我们应当认识到这一问题的严重性，警惕外来生物的入侵。

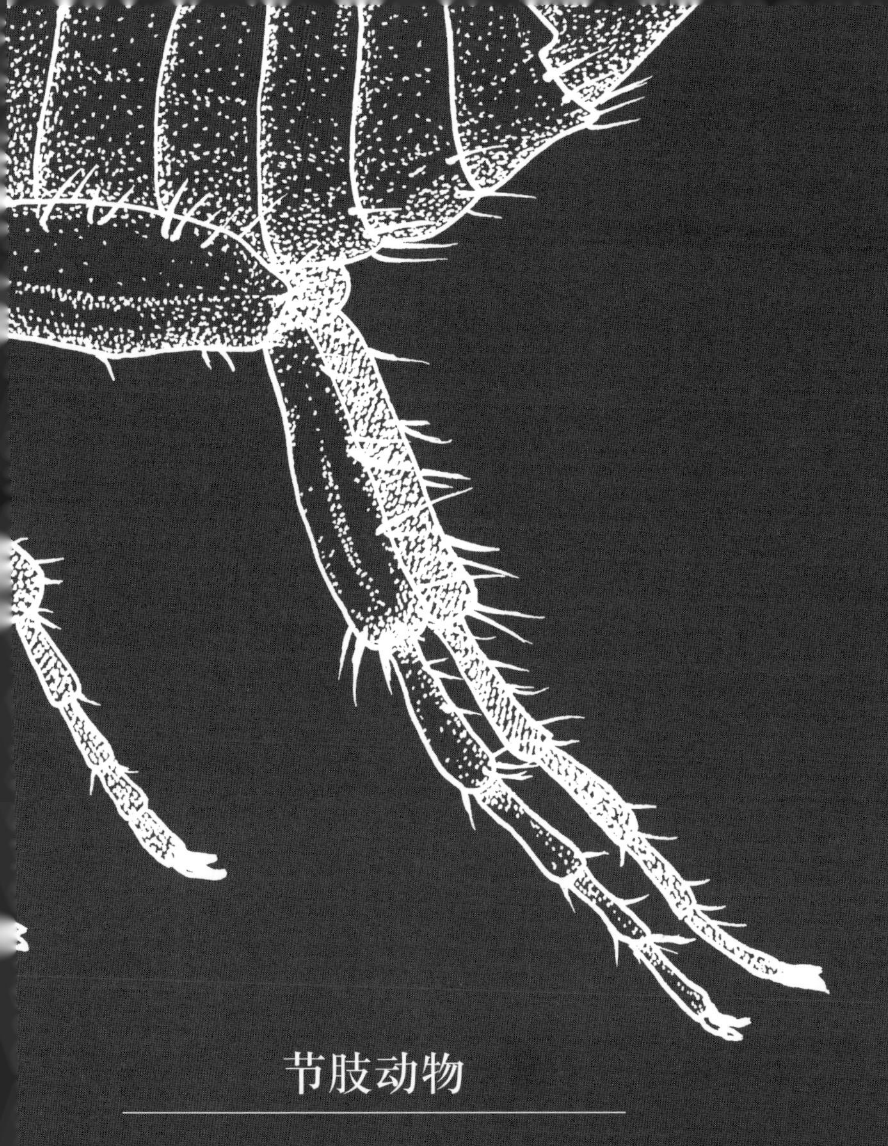

节肢动物

体表覆有坚硬的壳，体节结构分明。目前已经发现一百多万种。

扁头泥蜂

Ampulex compressa

分类：昆虫纲
体长：20 毫米
寄主：蟑螂
分布：热带地区

黝黑发亮的椭圆形身体上伸出长满毛刺的腿，细长的触角敏锐地摆动着，爬起来飞快，有的还会飞——让我们产生生理性厌恶的昆虫中，最常见的恐怕就是蟑螂了。蟑螂大多生活在森林里，不过，几乎在人类生活的所有地方都能见到它们的身影，甚至有人这样评价蟑螂适应环境的能力：就算地球上的人类全部灭绝，蟑螂也不会灭绝。

然而，生存能力如此强大的蟑螂也有天敌，那就是扁头泥蜂。这种小型蜂有着轮廓鲜明的外骨骼，身上闪耀着蓝绿色的金属光泽，广泛分布在热带地区。它们把活蟑螂作为幼虫的食物来繁育后代，而蟑螂的遭遇可谓惨绝人寰。

雌性扁头泥蜂会刺蜇蟑螂两次。第一次刺向面积较大的胸部神经节，注入毒液麻痹前肢。等蟑螂停止活动，再瞄准其头部，对大脑进行精准注射，这一次的目的是把毒液注入大脑，使蟑螂丧失逃跑本能。头部被刺的蟑螂放弃逃跑，竟开始清理自己的身体。等蟑螂不再动弹，扁头泥蜂再用颚剪断蟑螂的两根触角。至于这样做的目的，有人认为是从蟑螂的触角中吸食体液，恢复格斗中消耗的体力，也有人认为是调整毒

残忍的蟑螂杀手

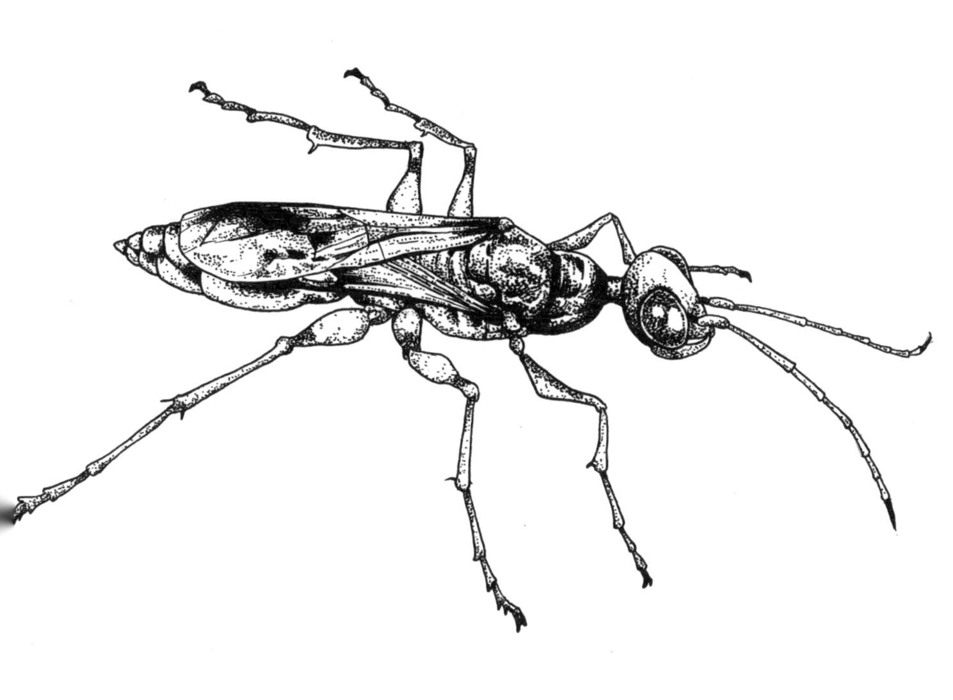

液量，让蟑螂保持半死不活的状态，实际情况不得而知。

之后，扁头泥蜂会拽着蟑螂残留的触角，引导它爬到自己的巢穴。扁头泥蜂之所以用毒液封锁蟑螂的逃跑行动，为的就是让体形比自己大的蟑螂主动爬过来。当蟑螂在引导下老老实实地走进巢穴后，扁头泥蜂便在其身体表面产卵。为了不让其他动物吃掉蟑螂，它们会用石头堵住巢穴后再离开。

从卵中孵化出来的幼虫咬破蟑螂的腹部，钻入其体内，靠吃蟑螂的内脏长大。幼虫在蟑螂的体内化蛹、羽化为成虫，最终离开巢穴，只留下一具被吃空的干瘪的蟑螂外骨骼。活生生被掏空的蟑螂是否会感受到痛苦呢？作为旁观者无从知晓，但我们知道，被扁头泥蜂寄生的寄主蟑螂必将迎来死亡。这种寄生形式叫作拟寄生[①]。

长期以来，蟑螂因为其习性和外形深受人们唾弃。但是看到扁头泥蜂对蟑螂的所作所为，让人不免心生同情。或许从明天开始，人类可以对蟑螂多一点宽容吧。

---

① 拟寄生是指寄生者进入寄主体内吸收营养并把寄主逐渐杀死的寄生现象。

人肤蝇

Dermatobia hominis

从皮肤里钻出来的苍蝇

分类：昆虫纲
体长：成熟幼虫 18～24 毫米， 成虫 12～18 毫米
寄主：人、其他哺乳动物、鸟类
分布：中南美洲

在电影《异形 2》中，从异形皇后的卵中孵化出来的抱脸虫母虫，将胚胎产到寄主体内；胚胎在寄主体内成长为破胸虫后，咬破寄主的胸膛冲出来。电影是虚构的，不过对生活在中南美地区的人而言，必须高度警惕现实中企图潜入体内的入侵者——人肤蝇。

人肤蝇属于狂蝇科，顾名思义，它们从人体内部啃食皮肤，是一种令人毛骨悚然的寄生虫。雌性人肤蝇成虫会在蚊子、牛虻等吸血昆虫的腹部产卵。当这些吸血昆虫吸血时，腹部的卵开始孵化，幼虫通过刺吸伤口侵入人体。它们在温暖的皮肤下以人体组织为食，经过数月逐渐发育长大；等到体形足够肥硕后，便从侵入的伤口处爬出来，掉到地面，在土壤中化蛹，羽化为成虫。

万幸的是，人肤蝇的幼虫个头比破胸虫小得多，而且只寄生在皮下，即便长大后离开寄主，寄主也不会死。虽然没有性命之忧，但患者在被幼虫寄生期间，还是要忍受患处瘙痒和疼痛的煎熬。感染人肤蝇的治疗方法是通过外科手术移除。听起来要大动干戈，其实大多数情况只需要用镊

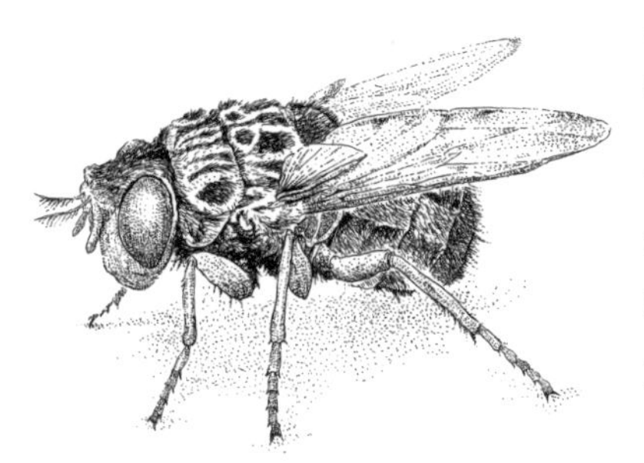

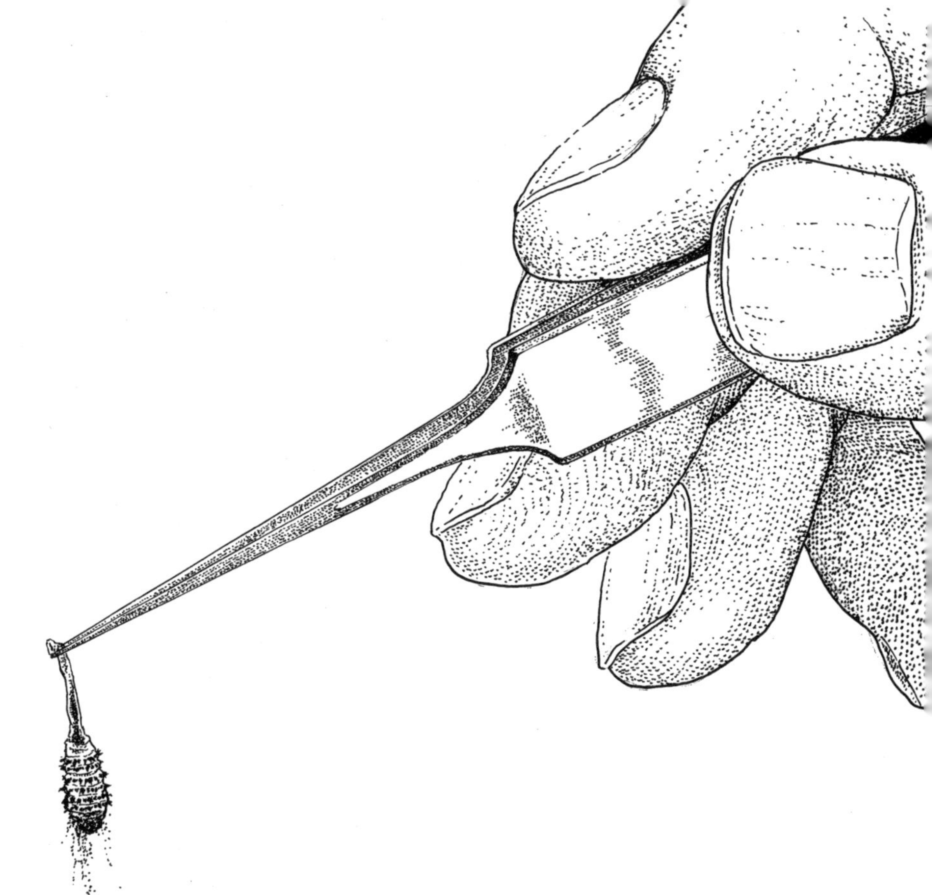

子夹住露出皮肤表面的幼虫身体，把它拽出来就行了。

令人惊奇的是，迄今为止有不少昆虫学家和寄生虫学家都在自己身上培育过这种寄生虫，做重口味的实验。让人不禁想要发问：这样做是纯粹出于好奇和探索欲，还是想通过这一“壮举”博人眼球呢？

更加不可思议的是，有些在自己身上做实验的学者表示，看着皮下的幼虫逐渐长大，自己“萌生出想要保护这些宝宝的感情”。难道这种寄生虫不仅吃人肉，还会利用人类的母性本能？

名和蝉寄蛾

Epipomponia nawai

蝉鸣声声，寄蛾做伴

分类：昆虫纲
体长：幼虫 0.8～10 毫米，成虫 8 毫米
寄主：蟪蝉
分布：日本、韩国、中国

夏季的黎明或黄昏时分，村庄附近的杉树、柏树林，或者神社内的树林里会传出“唧唧唧唧”的鸣叫声，发出这种叫声的是蟪蝉。不过，在此起彼伏的蝉鸣声中，说不定还隐藏着一种寄生虫——名和蝉寄蛾。

名和蝉寄蛾是一种非常罕见的蛾类，其幼虫寄生在蟪蝉身上。1898 年，自称“昆虫翁”的日本民间昆虫研究者名和靖发现了名和蝉寄蛾的成虫，于 1903 年在名和昆虫研究所发行的杂志《昆虫世界》上向世界首次介绍了这种寄生虫。

几只名和蝉寄蛾幼虫会同时寄生在一只成年蟪蝉身上，多时可达 6～8 只。这么多幼虫加起来的重量和摄取的营养按说会给寄主造成很大危害，但目前并没有发现明显的不良影响。幼虫靠吸食寄主的体液成长为身体覆盖纯白色蜡质的5龄幼虫[①]。成熟后的幼虫从嘴里吐出丝，把自己吊在丝上寻找合适的地方作茧。羽化后的成虫能存活 4～5 天，在此期间产卵。不可思议的是，几乎所有成虫都是雌性，且很有可能无须交尾即可产卵。卵越冬后，待到第二年蟪蝉鸣

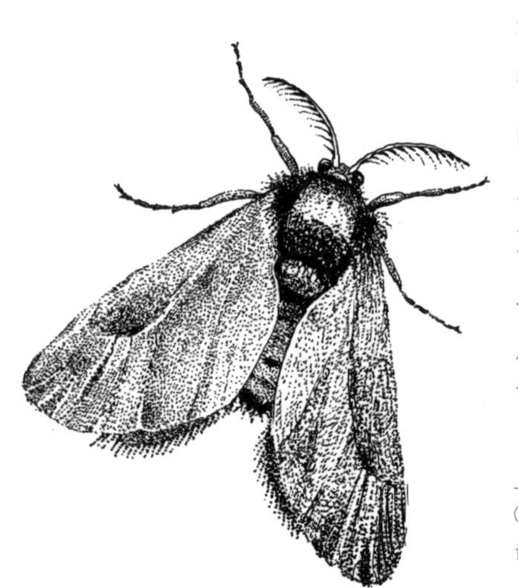

① 龄期指昆虫幼虫在两次蜕皮之间所经历的时间，龄期内的虫态称为龄虫。5龄幼虫是蜕皮4次的幼虫。

叫时孵化而出，再次寄生到寄主身上。

有人认为，日本除了寄生于蟪蝉的名和蝉寄蛾，还生活着一种寄生于蟪蛄的蟪蛄寄蛾。不过，目前人们只在 1954 年东京石神井采集到一只疑似蟪蛄寄蛾幼虫的昆虫，但至今尚未发现其成虫，因此暂无学名。或许蟪蛄寄蛾是相当稀有的种类，抑或当年发现的是最后一只，此后便已灭绝。如果你有兴趣，可以试着找一找这种传说中的寄生虫。

温带臭虫

Cimex lectularius

今夜不让你入睡！

分类：昆虫纲
体长：5～7毫米
寄主：人
分布：世界各地

温带臭虫广泛分布在世界各地，但日本起初并不是它们的栖息地。近代以后，温带臭虫漂洋过海来到日本。这种昆虫别名叫“床虱”，但不属于虱目，而属于半翅目，以吸食人类和温血动物的血液为生。

被温带臭虫叮咬后，人会感到奇痒无比，无法入睡，这便是“床虱”这一绰号的由来，英语里也称其为“bed bug”。早年间，客人住廉价酒店时，经常遭遇“被温带臭虫骚扰，整晚都没合眼”的情况。随着生活条件的改善，温带臭虫的数量越来越少，一度退出了

人们的生活。但是，在卫生条件较差的地区，温带臭虫仍然势头不减，甚至有些温带臭虫进化出了耐药性。去臭虫盛行的地区旅行时，需要格外注意。

来自家人的晚安吻让人安心入睡，但若换成温带臭虫送来的吸血吻，那还是算了吧。

人蚤

Pulex irritans

寄生虫界首屈一指的运动员

分类：昆虫纲
体长：1.5～3 毫米
寄主：哺乳动物、鸟类
分布：世界各地

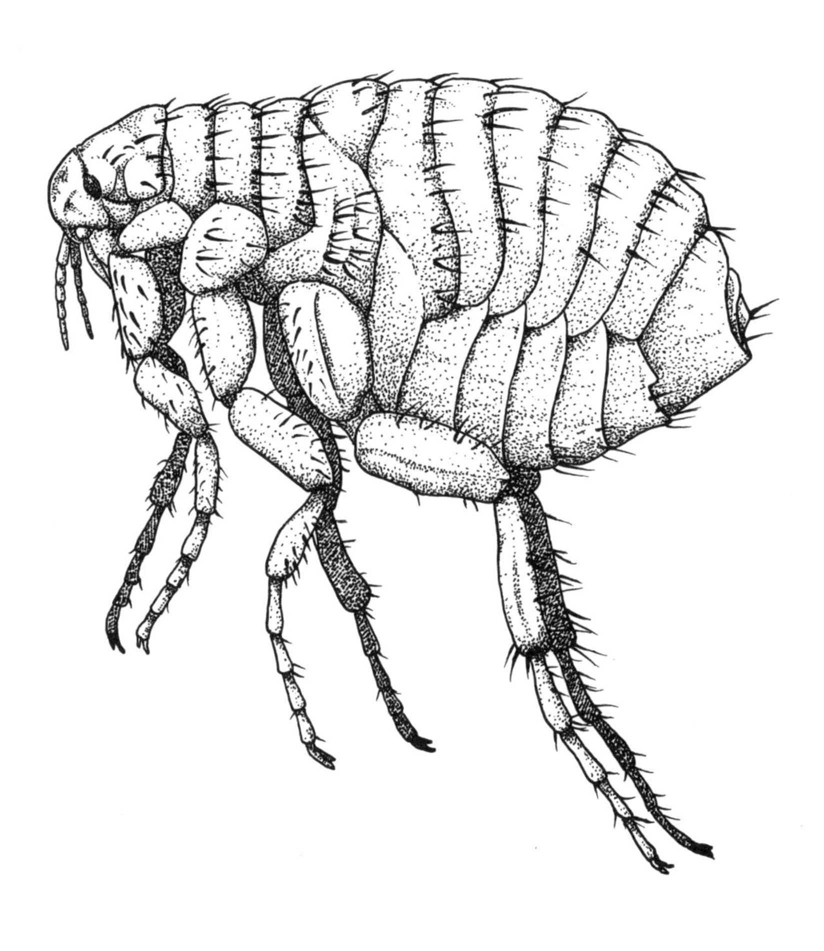

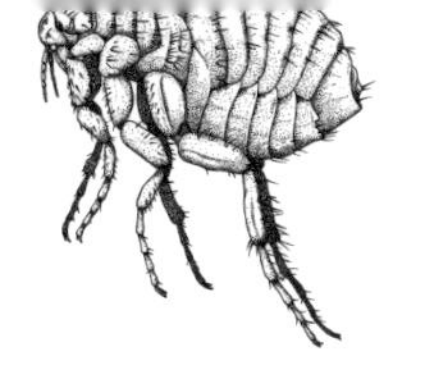

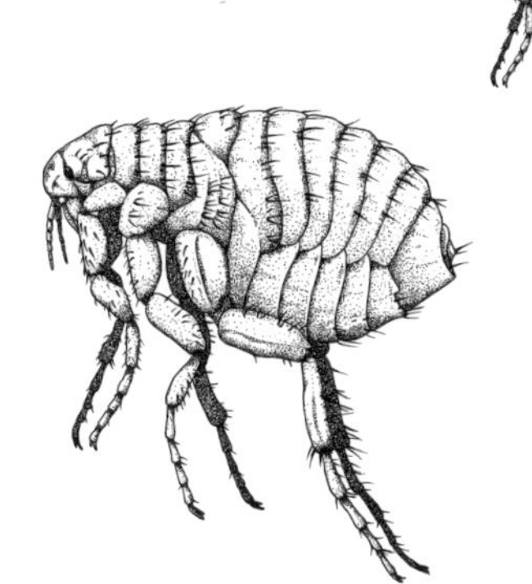

跳蚤是昆虫家族的成员，和虱子同为人类体外寄生虫的代表。它们和蚊子一样，通过感知二氧化碳找到寄主，用针一样细的口器吸食对方血液。动物的血液营养丰富，为了喝到梦寐以求的血液，跳蚤的身体实现了全方位的进化。

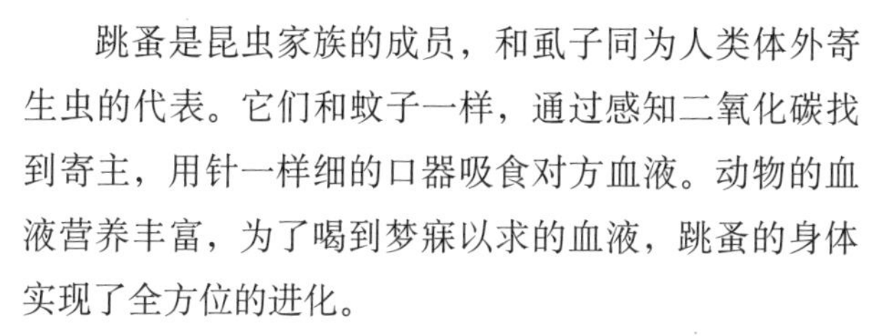

跳蚤身披坚硬的甲壳质外骨骼，整体呈扁平的流线型，在寄主体表移动时，不易被寄主的体毛阻碍。跳蚤的祖先长有翅膀，但因为寄主体表的体毛会刮住翅膀，影响移动，于是翅膀逐渐退化了。与此同时，它们进化出与轻盈的体重相比异常发达的弹跳力，跳跃的距离可达体长的几十倍甚至几百倍，就像一颗子弹头。

曾经有人看中了跳蚤出色的运动能力，训练它们表演“跳蚤马戏”,包括“跳蚤拉车”“跳蚤舞”等节目。不过，不同于狗和猴子的表演，跳蚤的蹦蹦跳跳只是出于条件反射。它们的生存本能只有吸血和繁殖。

跳蚤种类很多，除了人蚤，还有寄生于猫的猫蚤、寄生于狗的狗蚤、寄生于老鼠的鼠蚤等。其共同点是吸血的对象都有着柔软的皮肤，或许更容易下口。

毛囊蠕形螨 / 皮脂蠕形螨

Demodex folliculorum/Demodex brevis

分类：蛛形纲
体长：0.2 ～ 0.4 毫米
寄主：人
分布：世界各地

你脸上肯定也有

有一类寄生虫，从你记事前就一直陪伴着你，那就是人蠕形螨。它们体形微小，体长只有0.2～0.4毫米，柱状身体的前端长有4对短短的足。它们蠕动着细长的身体，寄生到毛孔内侧的毛囊和皮脂腺里，靠吃细胞等物质为生。人脸上有两种人蠕形螨，一种是毛囊蠕形螨，5～6只成群体寄生在一个毛囊里；另一种是皮脂蠕形螨，身材短小，单个寄生在皮脂腺中。几乎所有人的脸上都有它们的存在。

人蠕形螨也叫“痘螨”，但其实它们不只生活在痘痘部位，而是存在于健康人脸上的任何地方。它们的进食会帮我们分解多余的皮脂和老废细胞，维持皮肤状态的平衡。长期使用外用类固醇等药物会抑制皮肤免疫功能，导致它们过度繁殖，可能引起面部红疹。

人与人之间些许的皮肤接触就能传染人蠕形螨。很多新生儿身上的人蠕形螨就是从父母身上传染过来的。人蠕形螨通过这种途径不断拓宽栖息范围，在漫长的岁月里与人为伴，一同进化至今。因此有观点认为，可以通过比较世界各地人类面部的人蠕形螨的DNA，来追溯人类进化的历史，相关研究也在进行中。

也许你会想：“怎么能让这么重口味的生物在自己脸上定居呢？”但是，自打你降临到这个世界，第一次被父母抱在怀里，人蠕形螨就和你做伴了。既然如此，又何必那么无情呢？今后也和它们和平共处吧。

龟形花蜱

Amblyomma testudinarium

分类：	蛛形纲
体长：	6～7 毫米 吸饱血时最大 30 毫米
寄主：	哺乳动物、鸟类
分布：	亚洲各地

咬住就不松口，

直到吃饱为止

有一类生物常常躲在山林间、草丛里，无声无息地降临到你的皮肤上，它们就是蜱（pí）虫。蜱虫与蜘蛛、蝎子的亲缘关系比和昆虫更近。它们种类繁多，体长各异，小的只有0.1毫米，大的超过1厘米。其中个头最大、外皮最硬的当属硬蜱家族。它们属于体外寄生虫，用名叫螯肢的剪刀形口器划开寄主的皮肤，把长着锯形齿的口下板[1]扎进去，吸食血液。

从卵中孵化出来的硬蜱幼虫会附着到寄主身上，吸饱血后掉落到地面上，蜕皮成长为若虫；若虫继续寻找寄主吸血，然后掉到地上成长为成虫；成虫又去找其他寄主吸血，吸饱了血的雌虫经过支配后，会掉落到地面上，在土壤中产下300～1000个卵，之后它的一生便结束了。

硬蜱从幼虫成长为若虫、成虫，要经历几天到一个月，其间不断寻找寄主吸血，直到吸饱为止。饱血的硬蜱身体会变得非常大，和之前“胖”若两蜱，体重也增至原来的100倍。人被蜱虫叮咬时没有明显症状，很多人都是看到个头变大的蜱虫才发现自己被咬了。蜱虫吸血时会传播病毒和细菌，危害较大。

左图是一种吸血后能膨胀到10日元硬币大小的硬蜱——龟形花蜱，它也是日本最大的蜱虫。目黑寄生虫馆就藏有它的标本，有机会的话可以一观。

---

① 口下板，在虫体前端，为吸血和附着器官。

贝寄海蜘蛛

Nymphonella tapetis

菲律宾蛤仔掠夺者

分类：	海蜘蛛纲
体长：	幼体 0.1 ～ 5 毫米 成体 6 ～ 10 毫米
寄主：	菲律宾蛤仔、长竹蛏、四角蛤蜊等
分布：	日本各地

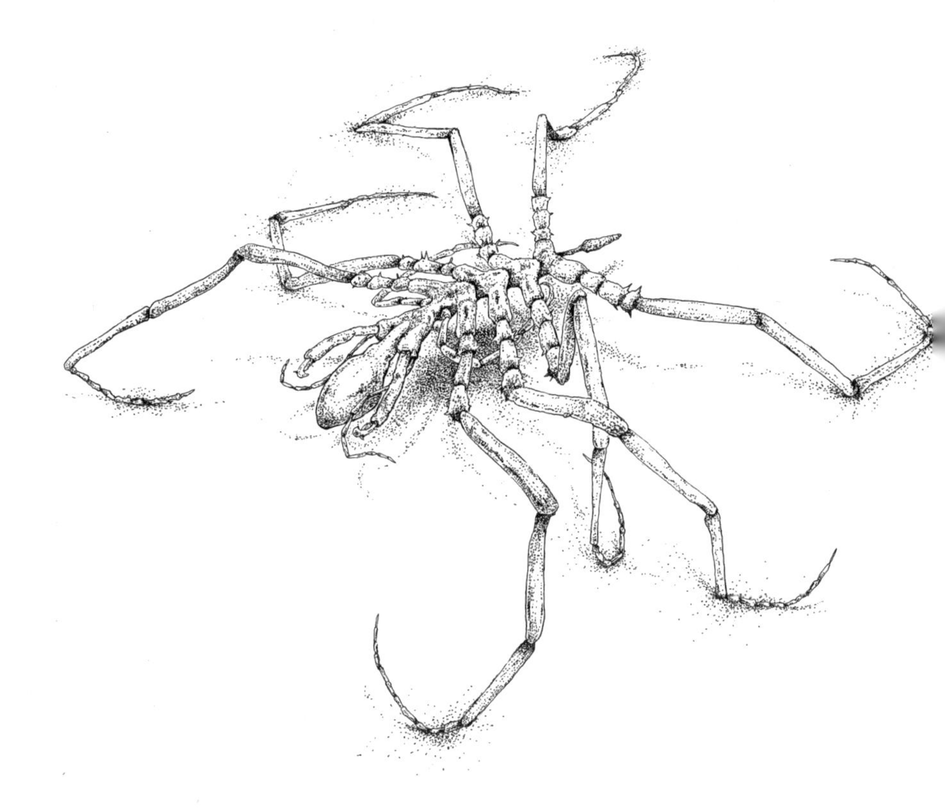

2007 年夏天，在东京湾捕捞蛤仔的渔民们傻眼了：日本主要的菲律宾蛤仔渔场之一——千叶县木更津市的海岸上，出现了大量菲律宾蛤仔的尸体。

kuòyú

菲律宾蛤仔的天敌包括海星、扁玉螺、壳蛞蝓等生物，但造成这次事件的罪魁祸首是突然大爆发的贝寄海蜘蛛。这种海蜘蛛长着八条细长的腿，虽然名字叫蜘蛛，但不属于陆生蜘蛛家族，而是一种生活在海里的节肢动物。它们小小的身体上长腿非常醒目，因此又被称为“皆足虫”，其幼体寄生在菲律宾蛤仔、长竹蛏、四角蛤蜊等双壳贝身上。刚孵化的幼体侵入寄主体内，靠吸食寄主体液长大；成长为成体后，从寄主身上爬出，在海底的沙地上开始自由生活。寄生在菲律宾蛤仔身上的海蜘蛛不仅夺走寄主的营养，还会阻挡水流从寄主水管进入鳃部，导致寄主呼吸困难。如果几只不知轻重的海蜘蛛同时寄生到一只蛤仔身上，会导致这只蛤仔衰弱、死亡。

2007 年春天，人们在千叶县发现了贝寄海蜘蛛；次年，它们又相继在日本爱知县三河湾和福岛县松川浦爆发，吸尽了两地渔场里蛤仔的体液。木更津市在海蜘蛛爆发的前一年，蛤仔产量近 3000 吨，而 2007 年降到 1750 吨，2008 年因没有播苗骤降至 300 吨左右。

面对如此惨状，人们当然不能坐视不管。但是海蜘蛛本身数量稀少，长期以来人们对它们的生态几乎没什么了解。在海蜘蛛大爆发后，人们抓紧推进海蜘蛛研究，陆续提出各种解决方案。比如避开在海蜘蛛的寄生时期播撒蛤仔苗；撤去海蜘蛛爆发海域的双壳贝，让海蜘蛛断粮而死；用锁链拦截消灭沙地上的海蜘蛛成虫；在海上撒网捕捞海蜘蛛；播撒捕食海蜘蛛的黄盖鲽……人们尝试了一切能够想到的办法，但是仍然没能根除海蜘蛛。今天，海蜘蛛与渔民之间的“蛤仔争夺战”还在激烈地继续着。

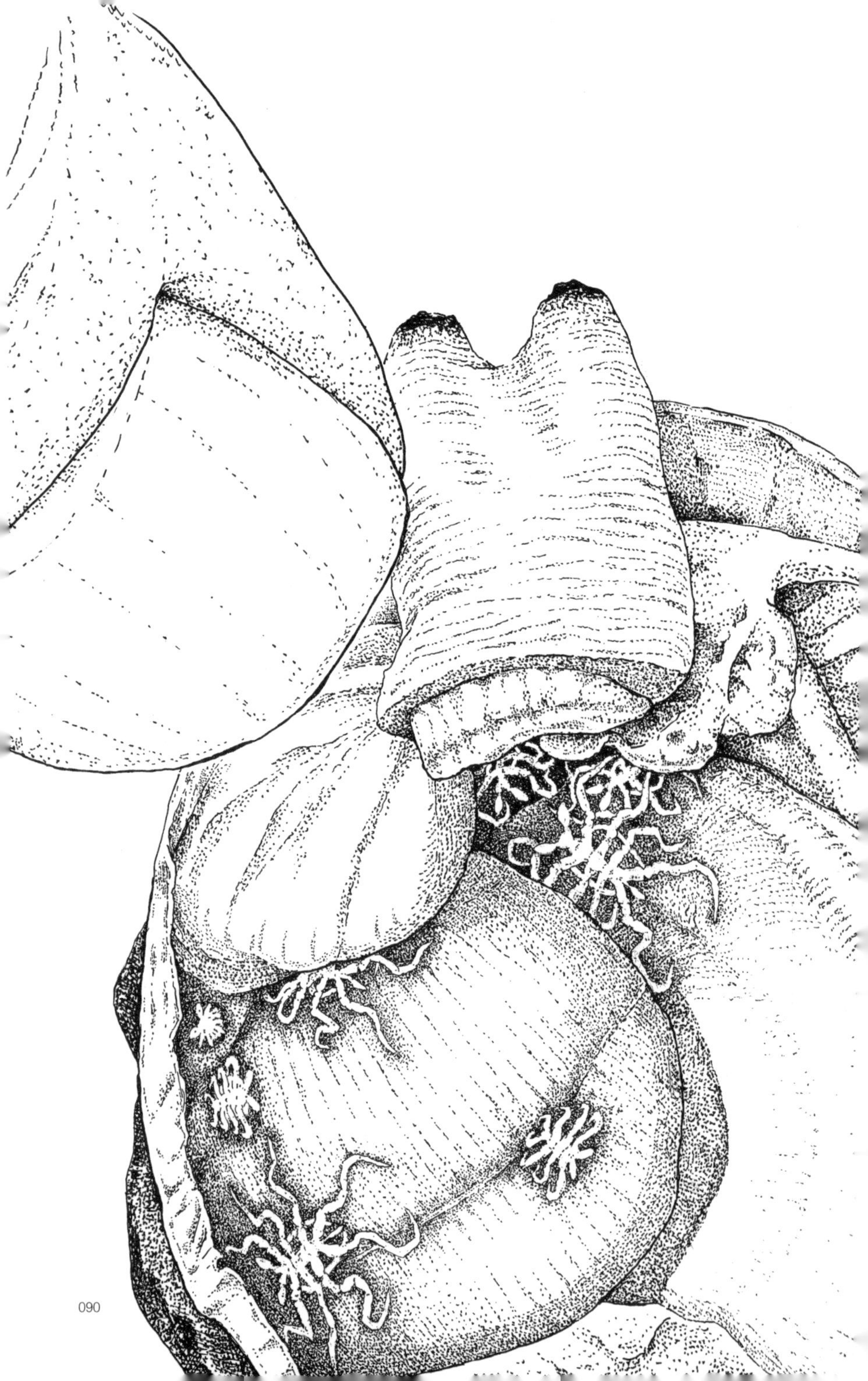

鲸虱

Cyamus boopis

乘上鲸鱼，开启海洋之旅

分类：软甲纲
体长：最大约 20 毫米
寄主：鲸豚类动物
分布：不明（或与鲸豚类的分布区域重合）

鲸鱼是地球上现存体形最大的动物。在它们宽阔的身体表面上，生活着以藤壶为首的各种生物，鲸虱便是其中之一。鲸虱拥有灰白色的身体和单色的小眼睛，头部的触角和 5 对带钩的胸足呈放射状向外伸展。它们成群地紧贴在鲸鱼身体表面，甚至密密麻麻地叠在一起。有密集恐惧症的人看到这种画面，八成会起一身鸡皮疙瘩。鲸虱的名字里有一个“虱”字，但和寄生在人类头皮上的吸血昆虫“虱子”不同，鲸虱属于软甲纲端足目，和钩虾、麦秆虫的亲缘关系更近。

鲸虱用镰刀形的足牢牢扒住寄主的身体，啃食寄主的表皮。被寄生的鲸鱼会不会感到很痒呢？鲸鱼经常气势恢宏地跃出海面，而后猛地入水，溅起巨大的

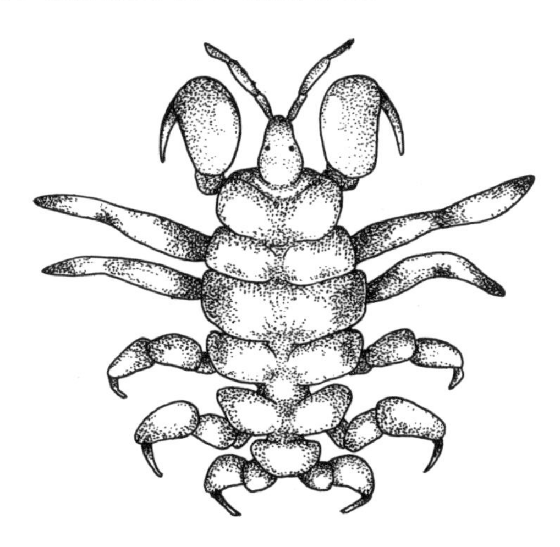

水花。有观点认为，鲸鱼这是为了甩掉身上的鲸虱。

鲸虱跟随鲸鱼一起洄游，时而承受深海几千米的水压，时而顶住跃出水面时的冲击，可能一辈子都要在鲸鱼的体表度过。它们不擅长游泳，在寄主间的转移可能大多是在鲸鱼父母育儿时移动到宝宝身上。假如鲸虱只在亲缘关系很近的鲸鱼体表繁衍生息，寄生于不同鲸鱼家族的鲸虱就会产生各不相同的变异和进化。也就是说，调查鲸虱的遗传基因，或许可以帮助科学家们进一步了解鲸鱼的种群谱系。

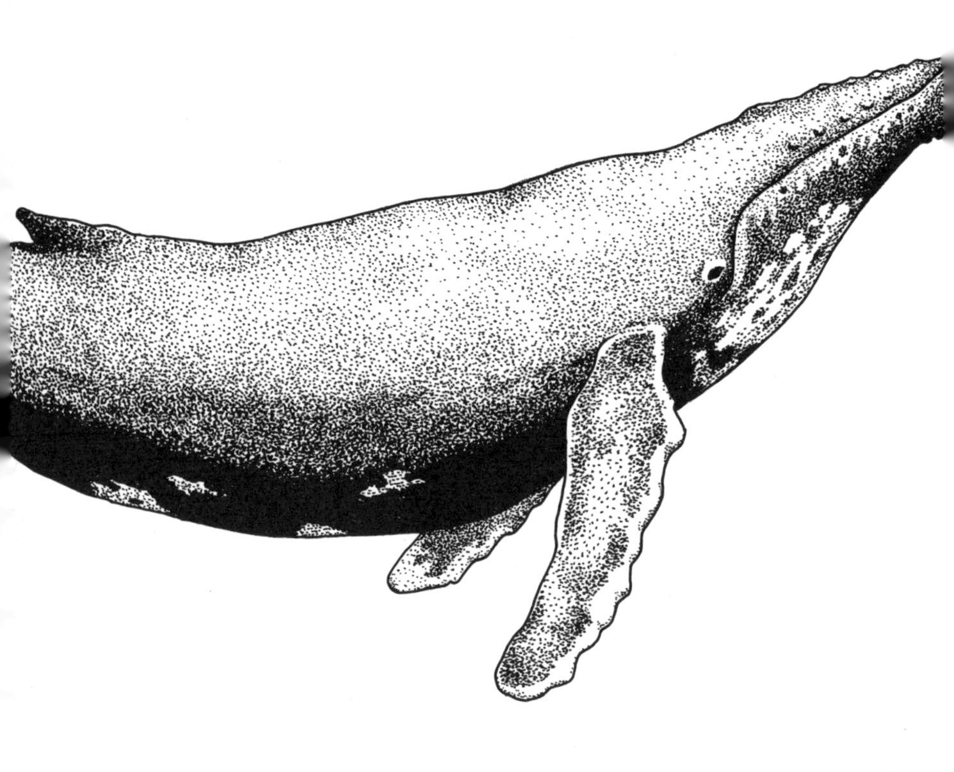

（右）附着在鲸鱼体表的藤壶和鲸虱

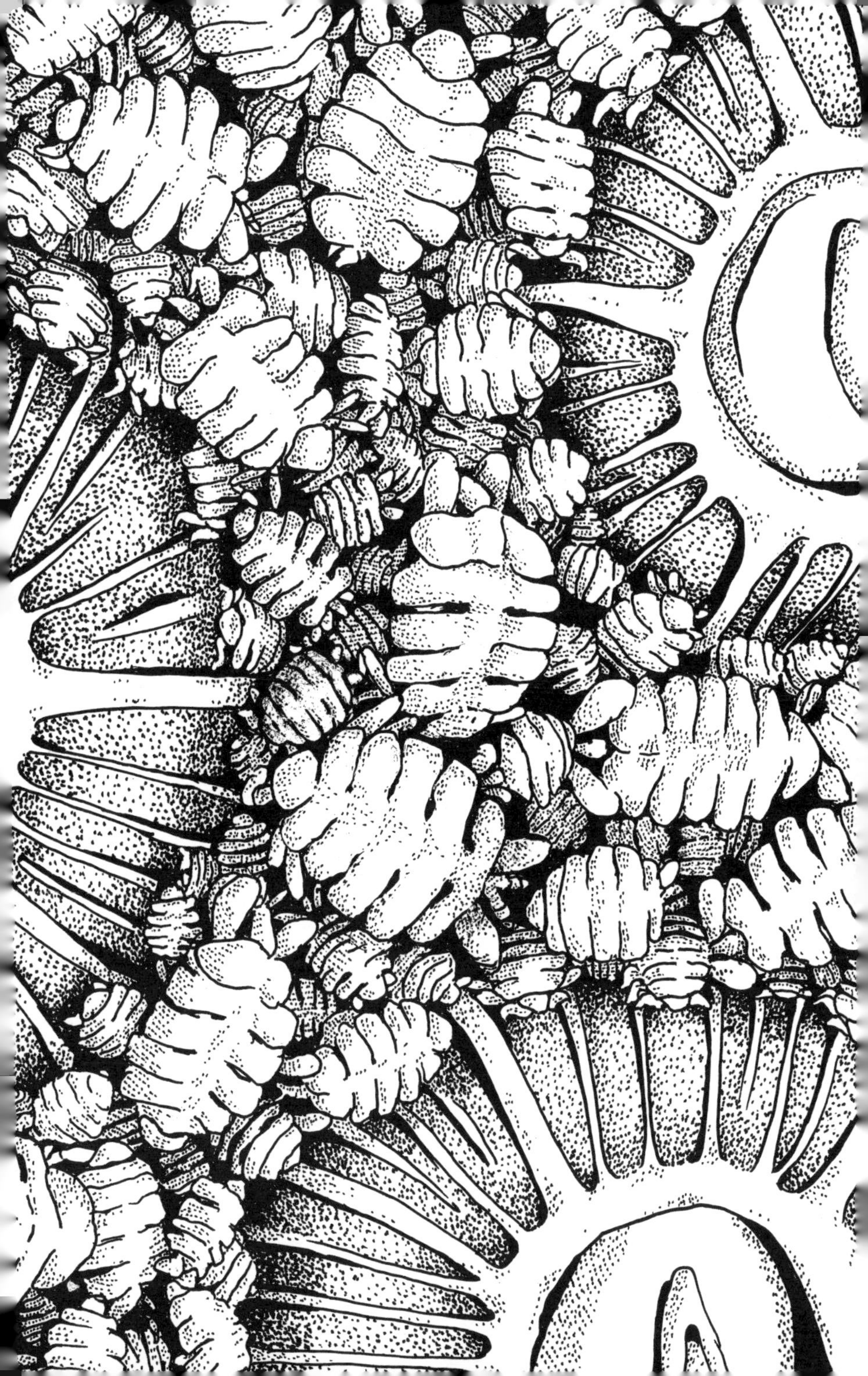

鲤锚头鳋

Lernaea cyprinacea

抛向寄主体表的“锚”

分类：桡足纲
体长：雌虫 10 ～ 12 毫米
寄主：淡水鱼
分布：世界各地

图中这种像针一样扎进金鱼体表的寄生虫，叫作鲤锚头鳋。这种寄生虫形似船锚，故得此名。它们寄生在鲤科等多种淡水鱼的身体组织上，像抛锚一般把船锚状的头部扎进寄主的身体里。

鲤锚头鳋属于甲壳动物中的桡（ráo）足纲，是剑水蚤的近亲。孵化出来的幼体经历多次蜕皮后，外形会发生巨大的改变。扎在寄主体表的是雌性成虫，雄性成虫

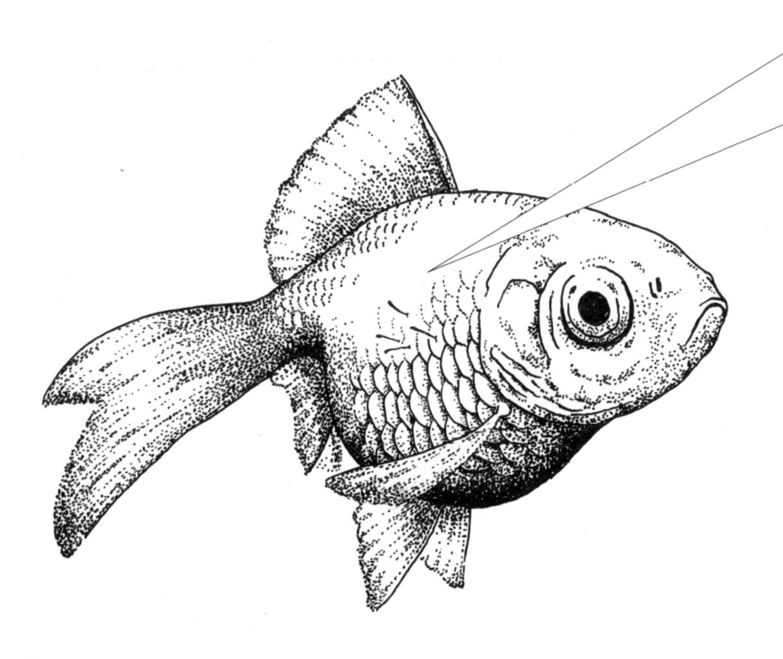

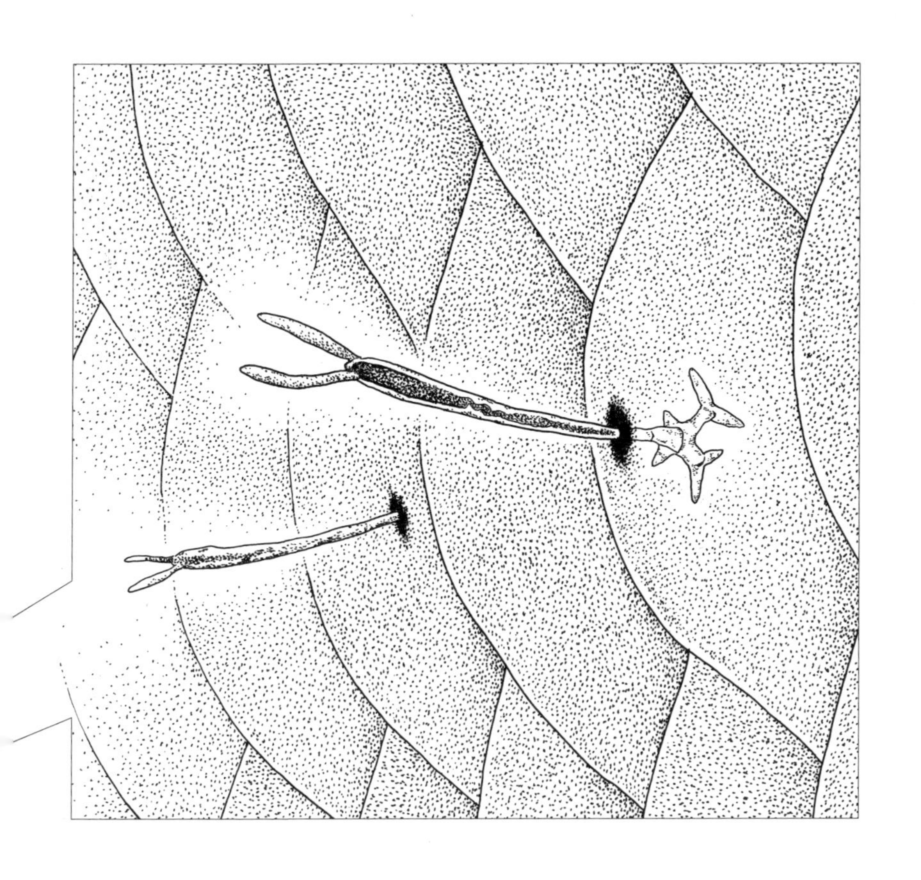

没有固定的寄生位置，而是在寄主体表到处移动，和雌虫交尾后死去。鲤锚头鳋每年世代更迭 4 ～ 5 次，雌虫一生产卵超过 10 次，产下的卵多达 5000 个。

鲤锚头鳋经常出现在水族箱里，放任不管会大量繁殖，寄生在鱼的全身；而且一旦大量繁殖，很难彻底清除。如果养鱼爱好者在自己的宠物鱼身上发现这种寄生虫，恐怕就有的头痛了。

扇贝蚤

Pectenophilus ornatus

眼睛、触角、足，统统不要了

分类：桡足纲
体长：雌虫最大 8 毫米
寄主：虾夷扇贝、栉孔扇贝
分布：日本

虾夷扇贝张开壳，鳃上“盛开”着无数朵橙黄色的“小花”。这些小花其实是一种如假包换的生物——扇贝蚤。它们看起来就像虾夷扇贝鳃部的装饰，但其实是寄生虫，把嘴连到扇贝鳃部的血管上来吸食血液。

扇贝蚤的身体呈光滑的圆球形，上面只有一个生殖孔。很难想象，这种造型离奇的寄生虫竟然属于甲壳动物中的桡足纲，和剑水蚤是近亲。扇贝蚤刚从卵中孵化出来时，形态和一般的桡足类没什么差别；但在适应寄生生活的过程中，它们会舍弃掉所有体节构造，变成扁圆的肉块。雌虫寄生在寄主鳃部，雄虫则几只一起生活在雌虫体内。卵在雌虫体内完成受精后，在孵化囊内孵化出无节幼体，从生殖孔游出来。新一代雌虫完成变形后，雄虫再从其生殖孔进入雌虫体内。当然，在雌虫体内长大后，雄虫再也无法回到外面的世界。

扇贝蚤的无节幼体

这种离奇的形态导致人类一直搞不清楚它们的真面目。直到近年，人们通过对其形态的细致观察和遗传基因的分析，才发现它们属于桡足纲。雌性扇贝蚤舍弃眼睛、触角和足，最终变成一个怀抱雄性产卵、再用孵化囊孵化卵的肉块。让人不禁感叹，这真是一种神奇的寄生生物！目前人们只在日本发现过这种寄生虫。

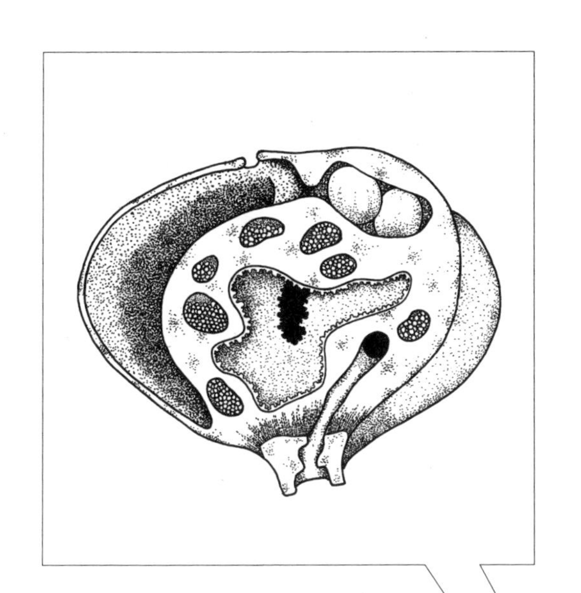

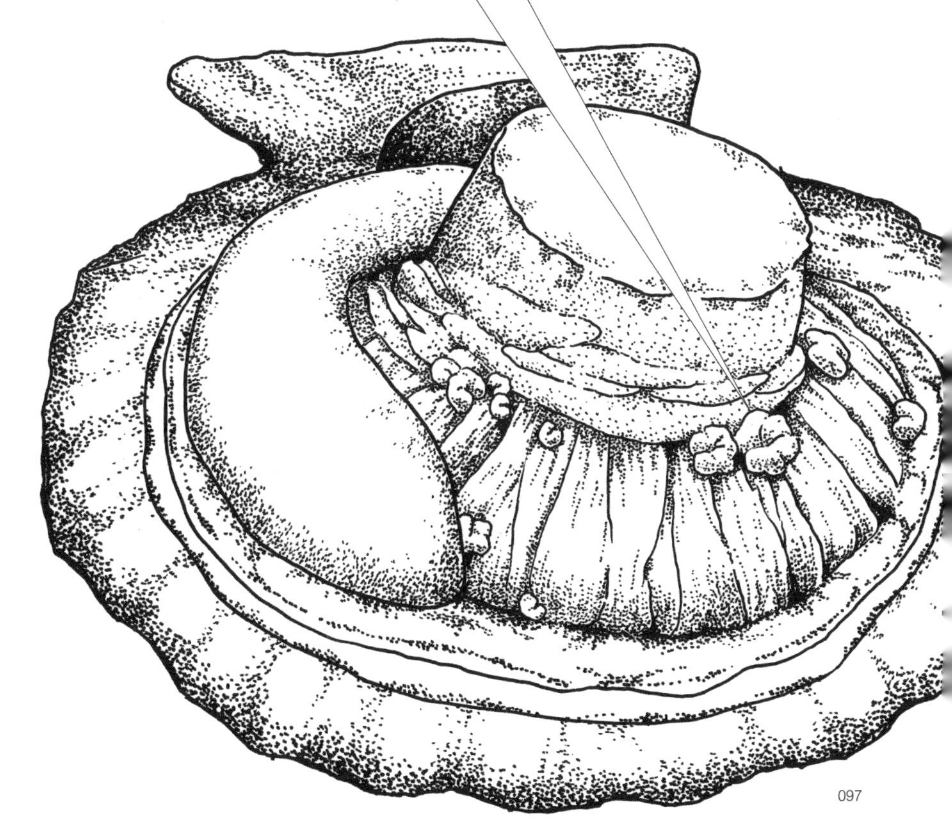

网纹蟹奴

Sacculina confragosa

分类：蔓足纲
体长：数毫米至数厘米
寄主：螃蟹、虾等甲壳动物
分布：东亚

夺走螃蟹的青春

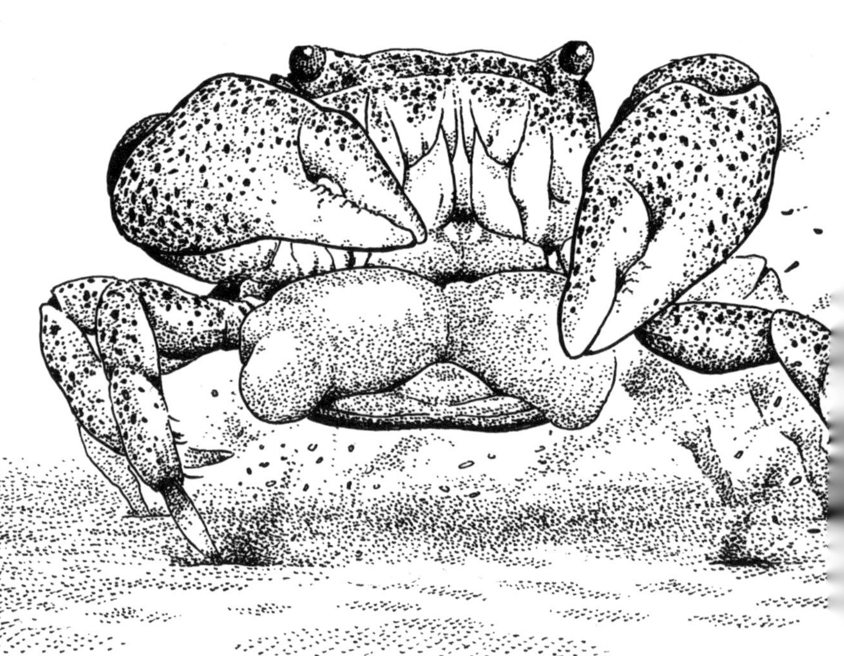

一只螃蟹正拼命保护腹部的“卵”，生怕被外敌伤害——有时，我们在海边会遇到腹部坠着袋状物的螃蟹，乍看是抱卵蟹，然而，这些卵的真面目是什么呢？

其实，附着在腹部的不是卵，而是名叫网纹蟹奴的寄生虫。寄生生活不需要附肢、消化道等结构，于是蟹奴的这些构造全部退化，看上去就像个小袋子。不过，它们属于蔓足纲，和海边岩石上常见的藤壶、龟足是亲戚。

从卵中孵化出来的蟹奴幼体附到寄主身上后，会侵入其体内，身体像植物的根系一般伸展开来，这部

分根状寄生体被称为蟹奴内体。蟹奴会在寄主体内长大，身体的一部分移动到寄主体外，形成名为蟹奴外体的袋状结构，这部分其实是由卵巢和卵组成的生殖器。露在外面的蟹奴是雌性，雄性蟹奴个头很小，生活在雌性蟹奴的袋子里。

长期被蟹奴吸食营养的寄主无法发育成熟，变成非雌非雄的个体。蟹奴的这种“寄生阉割”能力，是为了防止寄主在繁衍后代的重任中消耗能量，从而夺走对方更多的能量来繁衍自己的种群。

又是被寄生，又是被阉割，遭遇悲惨的寄主却顽强地保护着腹部的蟹奴，防止外敌伤害它们。也许寄主是把蟹奴当成了自己的卵。阻止寄主发育、繁殖，自己却拼命繁衍后代，站在道义的立场来看，蟹奴的行为实在狠毒。目黑寄生虫馆就陈列有网纹蟹奴和被它寄生的粗腿厚纹蟹——一只被夺走了青春的小可怜。

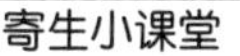

二重寄生物

寄生于寄生虫的生物

生活在寄生虫体表或体内的寄生虫,叫作“二重寄生物”。地球上几乎所有动物身上都有寄生虫，这样看来，寄生虫身上有寄生虫也没什么大惊小怪的。

比如，堪察加拟石蟹（也叫帝王蟹）的近亲软壳仿石蟹（*Paralomis granulosa*，也叫智利雪蟹）身上寄生着一种蟹奴（*Briarosaccus callosus*），这种蟹奴的身上就寄生着一种等足目（鼠妇及其近亲）的二重寄生物（*Liriopsis Pygmaea*）。这种二重寄生物和蟹奴都会寄生阉割，它们不断地从寄主身上吸取营养，导致寄主无法发育成熟。蟹奴对螃蟹进行寄生阉割，而自己又被二重寄生物寄生阉割，让人不由得想感叹，真是恶有恶报。

除了这种二重寄生物，人们发现的还有寄生于黏孢子虫（红鳍东方鲀的寄生虫）身上的微孢子虫（未定名），寄生于鲑鱼虱（大西洋鲑的寄生虫）身上的微孢子虫（*Desmozoon lepeophtherii*）等。

许多二重寄生物体形小，难以被发现，因此这方面的研究还不够深入。今后随着研究的推进，说不定还会发现寄生在二重寄生物身上的“三重寄生物”。

多疣角水虱

Ceratothoa verrucosa

找到它就“中大奖”了

分类：软甲纲
体长：雄虫 20 毫米，雌虫 50 毫米
寄主：真鲷、犁齿鲷
分布：日本

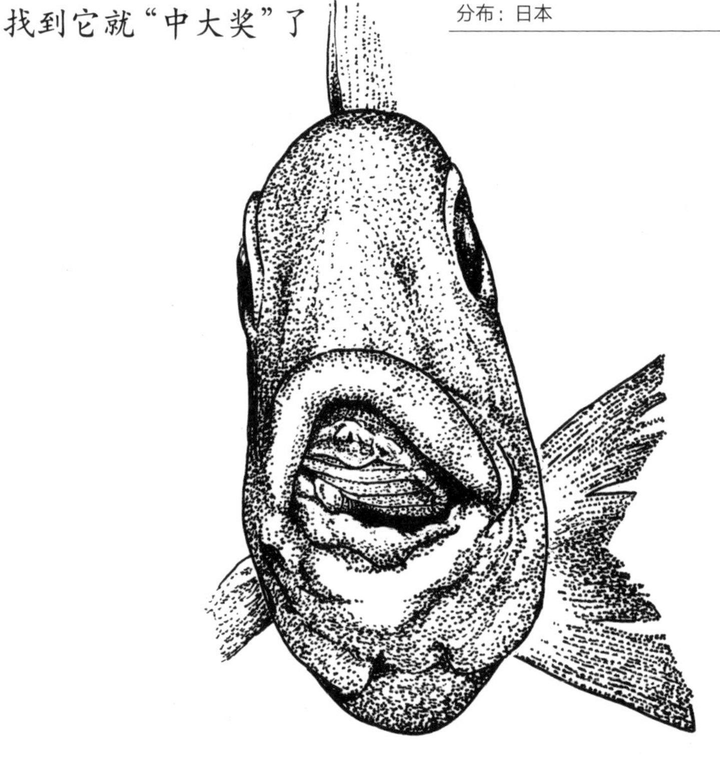

刚刚钓上来的真鲷，嘴里竟然含着一只来路不明的“大虫子”。那其实是寄生性的等足目动物——多疣角水虱，与卷甲虫、海蟑螂是近亲。一对雌雄多疣角水虱会一同出现，仰着身体，紧贴在真鲷上颚，吸食其体液。雌虫寄生在鱼上颚的中间，雄虫则在稍后方陪伴，夫妻搭档，缺一不可。它们在幼鱼阶段侵入真鲷体内，成对寄生多年。因为看起来很像鲷鱼的食饵，

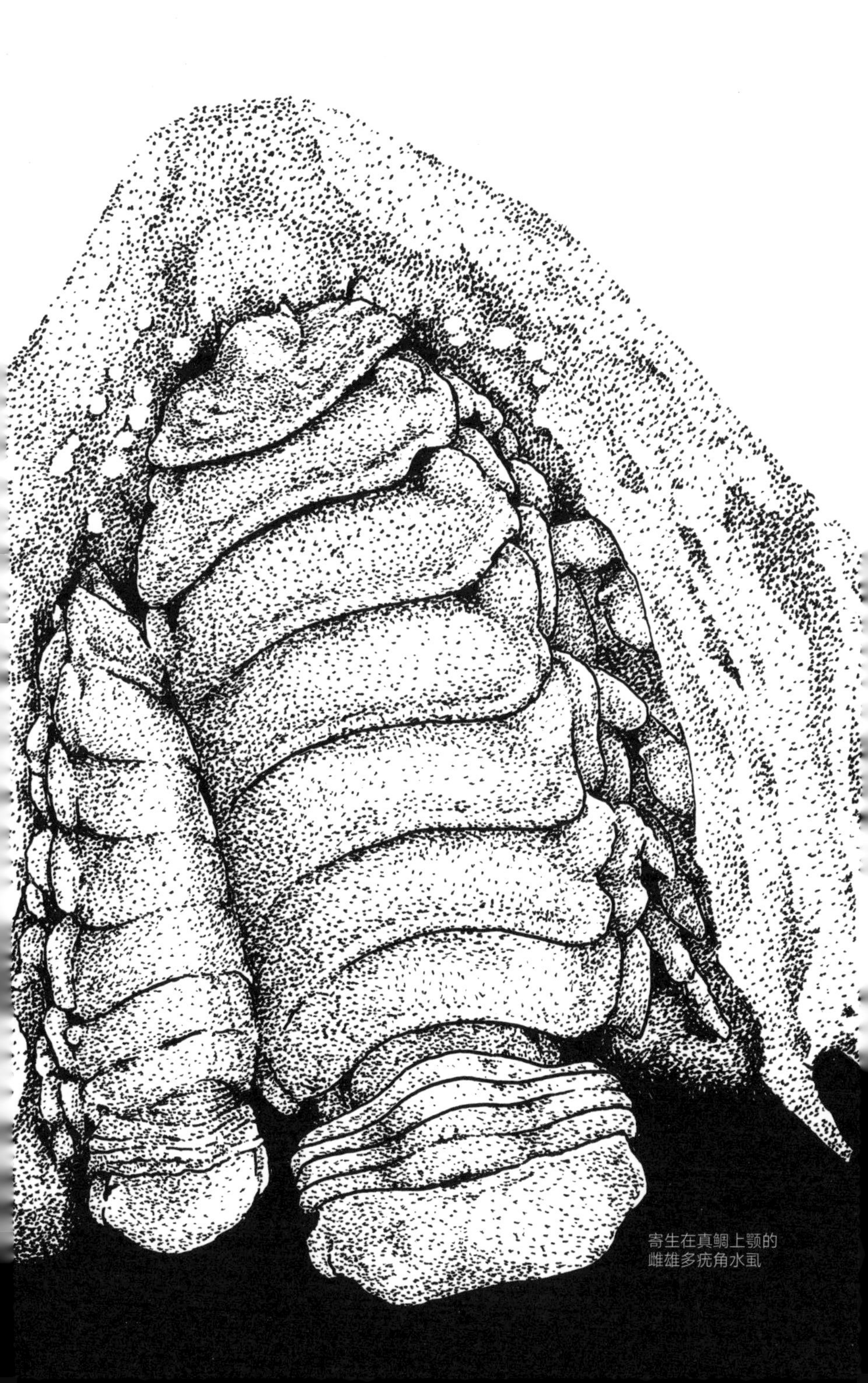

寄生在真鲷上颚的
雌雄多疣角水虱

所以它们也被称为“鲷之饵”。

日本江户时期（1603—1868）的文献《水族写真》把多疣角水虱称为“鲷之福玉”，认为它是鲷鱼体内九大祥物之一,遇到嘴里含着它的鲷鱼就是“中大奖”了。据说只要凑齐九大祥物，就能实现愿望，过上富裕幸福的生活。令人震惊的是，文献中还写道：“品其味，与鲷无异。”虽然多疣角水虱和皮皮虾长得有几分相似，可它毕竟是寄生虫，让人不禁赞叹前人真有勇者。

别看这种寄生虫个头挺大，其实并不会明显危害鱼类的健康。它们和寄主一起经历了漫长的进化，最后双方都作出妥协，找到了折中点，就像老是拖欠房租的租客和嘴上不乐意、却总是选择原谅的房东一样。

雄性

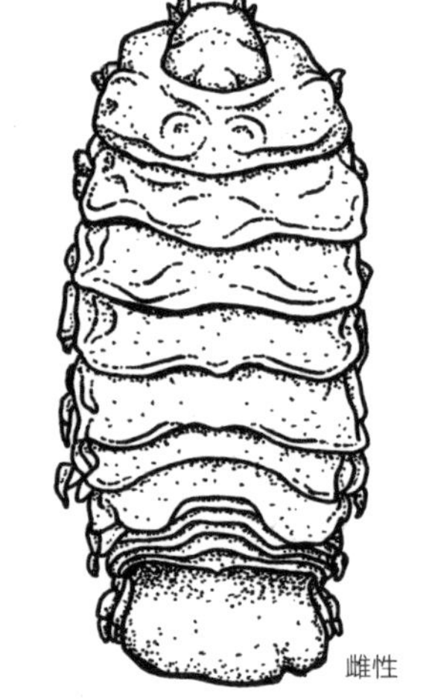
雌性

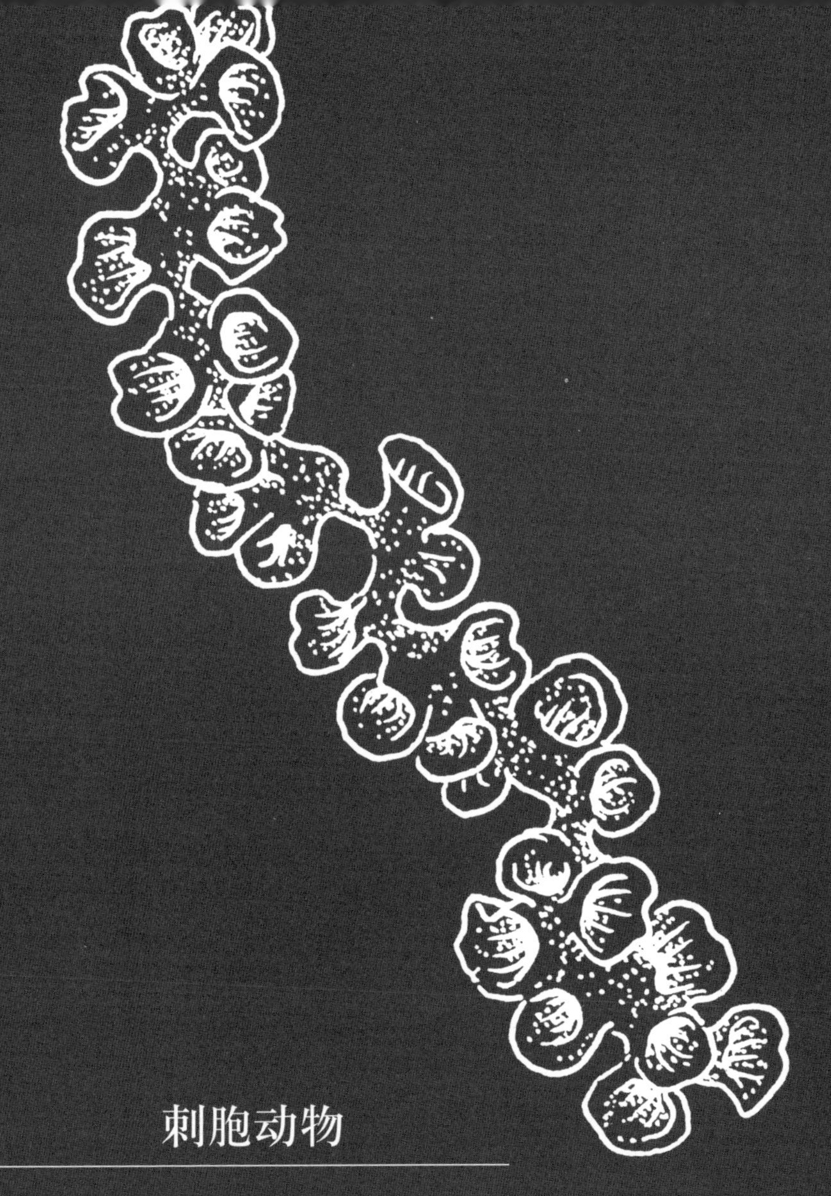

刺胞动物

刺胞动物主要包括适应附着生活的水螅型和适应浮游生活的水母型两种基本形态，这两类动物都有“刺丝囊”，能从中释放出毒针（刺丝）。

鲟卵螅

Polypodium hydriforme

贪恋鱼子酱的美食家

分类：胞内寄生水螅虫纲
体长：自由生活时伞部直径 2.5 毫米
宿主：鲟鱼
分布：俄罗斯、伊朗、北美等地

被称为“世界三大美食之一”的鱼子酱是一种用鲟鱼卵盐渍而成的食物，主要产于俄罗斯、伊朗等地区。有一种热爱美食的寄生虫就寄生在鱼子酱的原材料——鲟鱼卵上，那就是鲟卵螅。研究认为，鲟卵螅和水母、海葵同属于刺胞动物。

鲟鱼体内的卵尚未发育成熟时，鲟卵螅就侵入卵中，在接下来的几年里大量繁殖。它们的繁殖方式叫出芽生殖，母体身上会生出突起并逐渐长大，形成新的个体。最终鱼卵内会长出几十到上百只鲟卵螅，它们组成一个群体，像佛珠一样紧紧地连在一起。鲟卵螅群吸尽鱼卵中的卵黄后，便离开鱼卵、分散开来，成长为和水母非常相似的形态。之后，鲟卵螅开始自由生活，用触手捕食小型动物，以二分裂的方式不断分裂出新的个体。有位女寄生虫学家被鲟卵螅吸引，研究了 50 多年，但依然没有弄清楚长大后的鲟卵螅是如何侵入鲟鱼体内、寄生到鱼卵中的。

鲟鱼长得和鲨鱼有些相似，但并不是鲨鱼，而是从中生代时期就存在于地球上的古老鱼种，比鲨鱼出现的时间早。如今，滥捕、水体污染导致鲟鱼数量急剧下降，用鲟鱼卵制作的鱼子酱也变得愈发珍贵，成为高级食材。鲟卵螅不仅破坏鲟鱼卵，还危害鲟鱼的生殖系统，令本就珍贵的鱼子酱更加稀缺了。

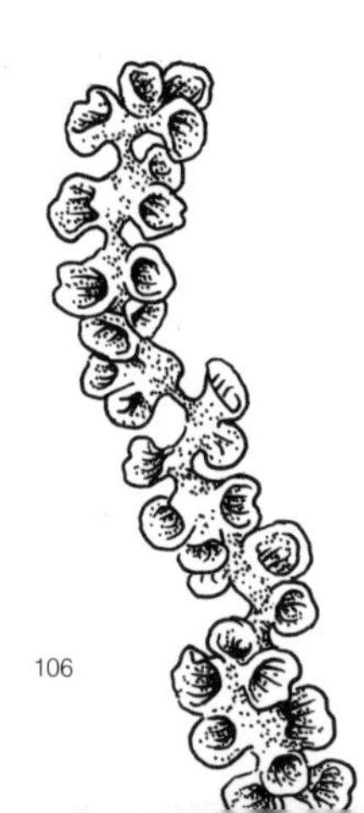

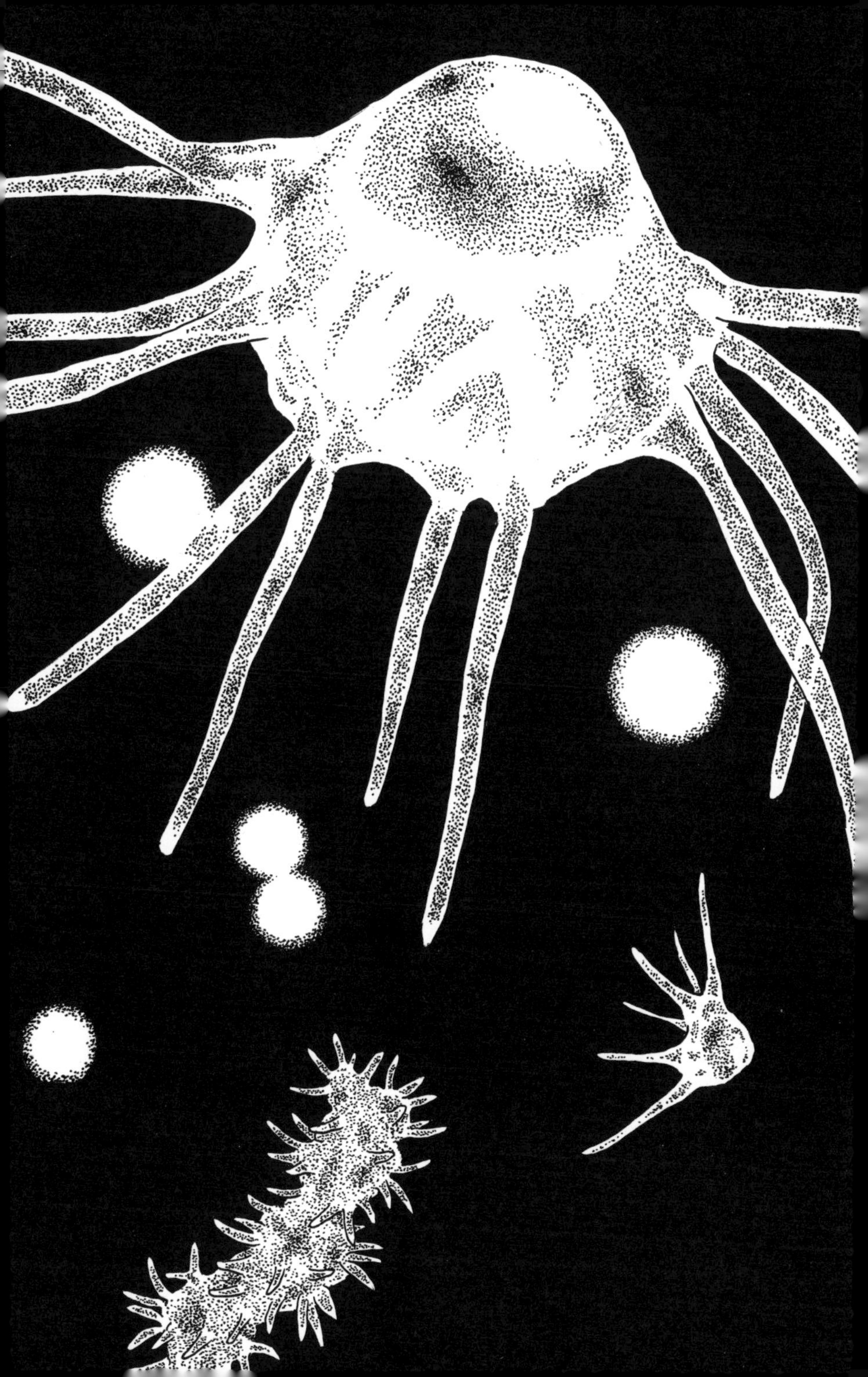

脑黏体虫

Myxobolus cerebralis

往返于两种宿主之间的神秘寄生虫

分类：	黏孢子虫纲[①]
体长：	黏孢子虫形态 10 微米 放射孢子虫形态 350 微米
宿主：	黏孢子虫寄生于虹鳟， 放射孢子虫寄生于正颤蚓
分布：	世界各地

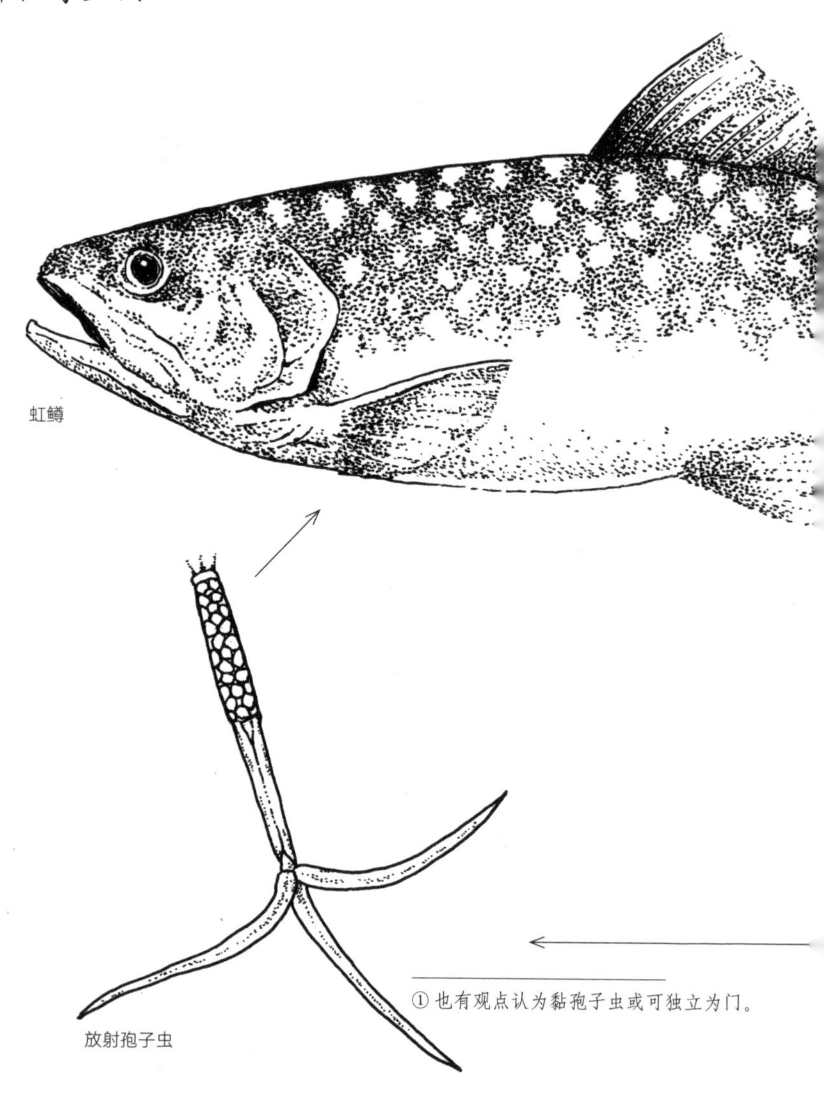

① 也有观点认为黏孢子虫或可独立为门。

下图的左右两边都是寄生虫。左边像海星一样美丽的是寄生在正颤蚓等环节动物身上的放射孢子虫，右边形态简单的则是寄生在鱼身上的黏孢子虫。令人意想不到的是，这两个形态和宿主都不相同的寄生虫，其实是同一种生物。

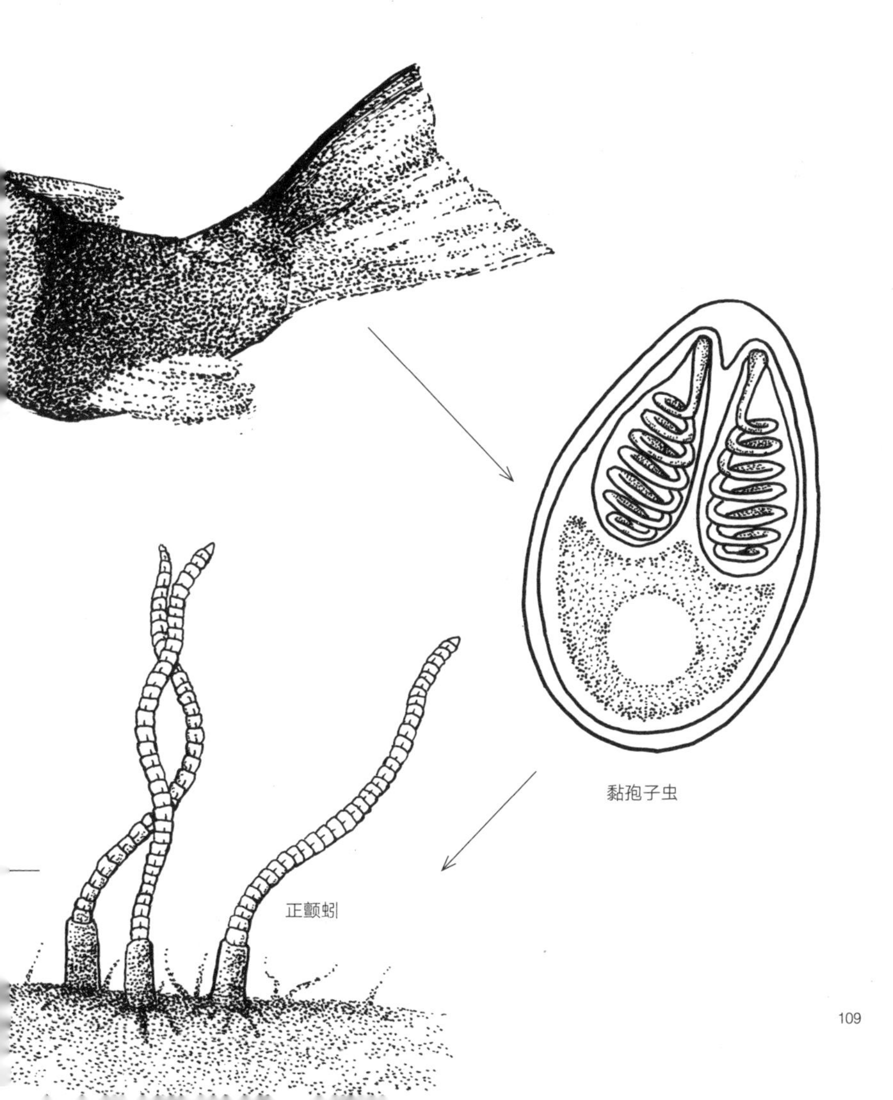

黏孢子虫是最神秘的鱼类寄生虫之一。多年来，寄生虫学家一直在研究它的生命周期。然而，黏孢子虫在鱼和鱼之间的直接传播实验总是不成功，一些研究人员便提出五花八门的观点“黏孢子虫的孢子在水中放置几个月后才具有传染性”“也许应该把它们埋到土里放几年”。

其实，黏孢子虫在某个生长阶段会变成放射孢子虫，外形发生翻天覆地的变化，并且需要鱼和环节动物这两类宿主才能完成生命周期。黏孢子虫寄生于环节动物后变成放射孢子虫，环节动物射出的放射孢子虫侵入鱼的体内，又变成黏孢子虫。一些实验之所以得出上述结论，大概是因为存放黏孢子虫的水和土壤中混入了活的正颤蚓吧。

黏孢子虫给水产业造成了巨大损失。它们有的导致虹鳟骨骼变形，游泳时打转；有的能溶解金枪鱼的肌肉；有的令红鳍东方鲀骨瘦如柴。最近，人们还发现寄生于养殖牙鲆(píng)的一种黏孢子虫会引起食物中毒。为研究出预防这些危害的方法，必须探明黏孢子虫的生态习性。目前，人们已经发现黏孢子虫的一种——脑黏体虫的放射孢子虫和它的宿主正颤蚓，但是黏孢子虫种类众多，像这样已探明的仅是个例。很多黏孢子虫的生命周期尚未研究清楚。如今，寄生虫学家仍在不遗余力地寻找大海和河流中的黏孢子虫和它们的宿主。

黏孢子虫寄生在软骨组织上，使宿主出现尾鳍变黑、脊椎变形等症状。

原生生物

除后生动物、真菌、陆生植物以外的真核生物。大多数为单细胞生物，但也有多细胞生物。

恶性疟原虫

Plasmodium falciparum

恶劣（mal）+ 空气（aria）= 疟疾（malaria）

分类：无类锥体纲
体长：环状体 1.5 微米
中间宿主：人 终宿主：按蚊
分布：热带、亚热带地区

日本平安时期（794—1192），武将平清盛建立起繁盛的平氏家族。其声势之大，甚至有“非平氏者，非人也”的说法。然而，据传平清盛最终在烈火般的高烧中痛苦而亡。当时人们认为这是他下令烧毁奈良兴福寺和大佛所遭到的报应，但真正的死因应是疟疾。疟疾是一种通过蚊子传播的热病，由名叫疟原虫的寄生虫在人体的红细胞中大量繁殖引起。过去，疟原虫曾广布中国和日本各地，中国民间称之为“打摆子”。

疟原虫集中到按蚊的唾液腺内，于按蚊吸血时侵入人体，在肝脏内繁殖；此后胀破肝细胞，侵入血液里的红细胞，开始大肆繁殖、破坏。等到患者被其他按蚊吸食血液时，疟原虫进入蚊子体内，在其胃壁上繁殖。之后，数以千计的新生疟原虫移动到按蚊的唾液腺，待它再次吸血时，随着唾液注入人类血管。疟原虫在人体内进行无性生殖，在按蚊体内进行有性生殖。也就是说，人是中间宿主，按蚊是终宿主。

感染者在短暂的潜伏期后，开始出现突发性高热伴寒战和退热来回反复的症状。疟原虫破坏红细胞，导致患者贫血，其毒素还会伤害脾和肝。随着公共卫生的改善，目前日本本土的疟疾已经绝迹，但疟疾依然是全球危害最大的传染病之一，全球有近一半人口居住在疟疾肆虐的地区，2021 年感染人数超过 2.4 亿，死亡人数超 60 万。目前暂时没有特效疫苗，人们只能尽量避免被携带疟原虫的蚊子叮咬，或者服用抗疟药物。

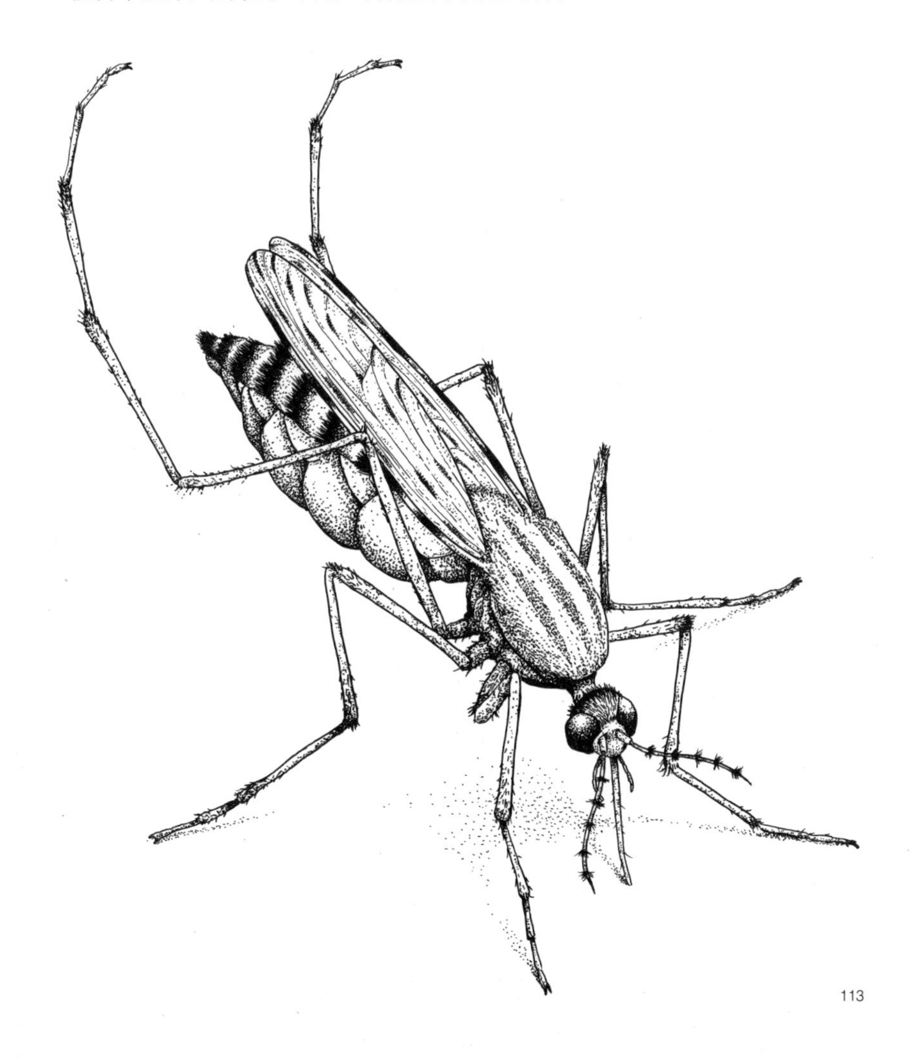

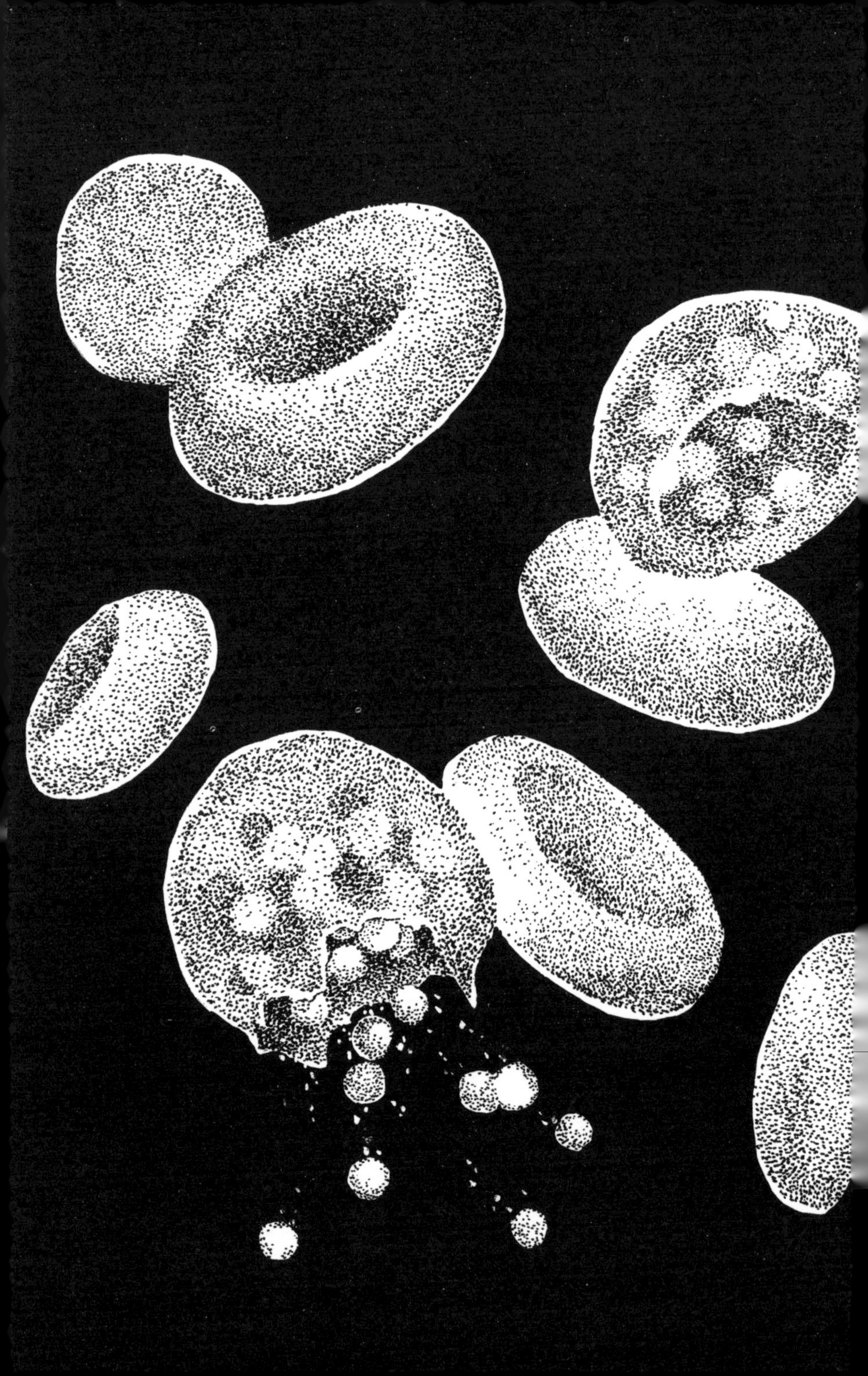

弓形虫

Toxoplasma gondii

猫的致命诱惑

分类：类锥体纲
体长：长径 5 ～ 7 微米， 短径 3 微米，呈月牙形
中间宿主：哺乳动物、鸟类 终宿主：猫科动物
分布：世界各地

弓形虫是一种原虫[①]，以猫科动物为终宿主，以人、牛、老鼠等几乎所有哺乳动物和鸟类为中间宿主。它们遍布世界各地，据统计，弓形虫感染病例占全球总

① 单细胞真核动物。虫体微小，能独立完成摄食、呼吸、排泄等生命活动的全部功能。

人口的三分之一以上。日本的卫生管理制度已经相对比较完善，但仍有约 10% 的人感染弓形虫。

弓形虫的生命周期包括在猫科动物体内度过的有性生殖阶段，以及在中间宿主体内度过的无性生殖阶段。被携带弓形虫的猫粪便污染的土壤和食物中，通常含有卵囊形态的弓形虫；它们感染老鼠后，在老鼠的肌肉和大脑中生成坚硬的包囊，裹住众多虫体；猫吃掉被感染的老鼠后，弓形虫离开破裂的包囊，在猫的肠道上皮细胞中繁殖，随粪便落到地面。这是自然界中弓形虫生命周期的主要循环方式。

人们研究发现，被弓形虫寄生的老鼠不再害怕猫，反而会被猫尿吸引。研究人员称这种现象为“猫的致命诱惑”，很可能是弓形虫影响了老鼠的脑内物质，导致这种行为。

人类主要通过猫的粪便感染弓形虫。此外，猪、牛、羊、鸡等动物的肉中也可能带有弓形虫的包囊。为避免感染，应当把这些肉类做熟再食用。

速殖子期[1] 的弓形虫

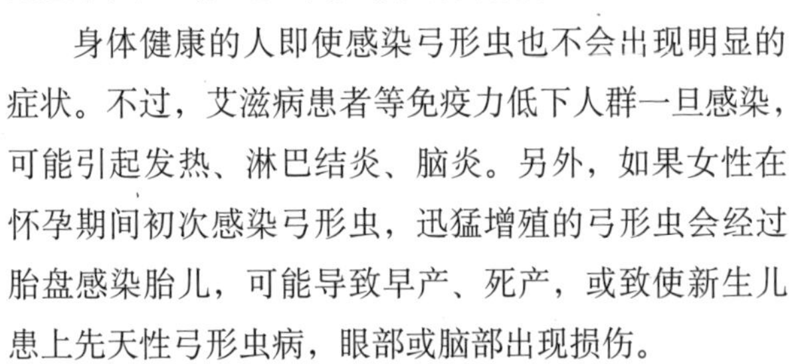

身体健康的人即使感染弓形虫也不会出现明显的症状。不过，艾滋病患者等免疫力低下人群一旦感染，可能引起发热、淋巴结炎、脑炎。另外，如果女性在怀孕期间初次感染弓形虫，迅猛增殖的弓形虫会经过胎盘感染胎儿，可能导致早产、死产，或致使新生儿患上先天性弓形虫病，眼部或脑部出现损伤。

“猫奴”们读到这里也许被吓得不轻，但不必过分担心与宠物猫的亲密接触。吃猫粮、不出家门的宠物

① 速殖子是弓形虫生命周期中的一种形态，速殖子期的弓形虫会在宿主的有核细胞内迅速分裂、增殖。

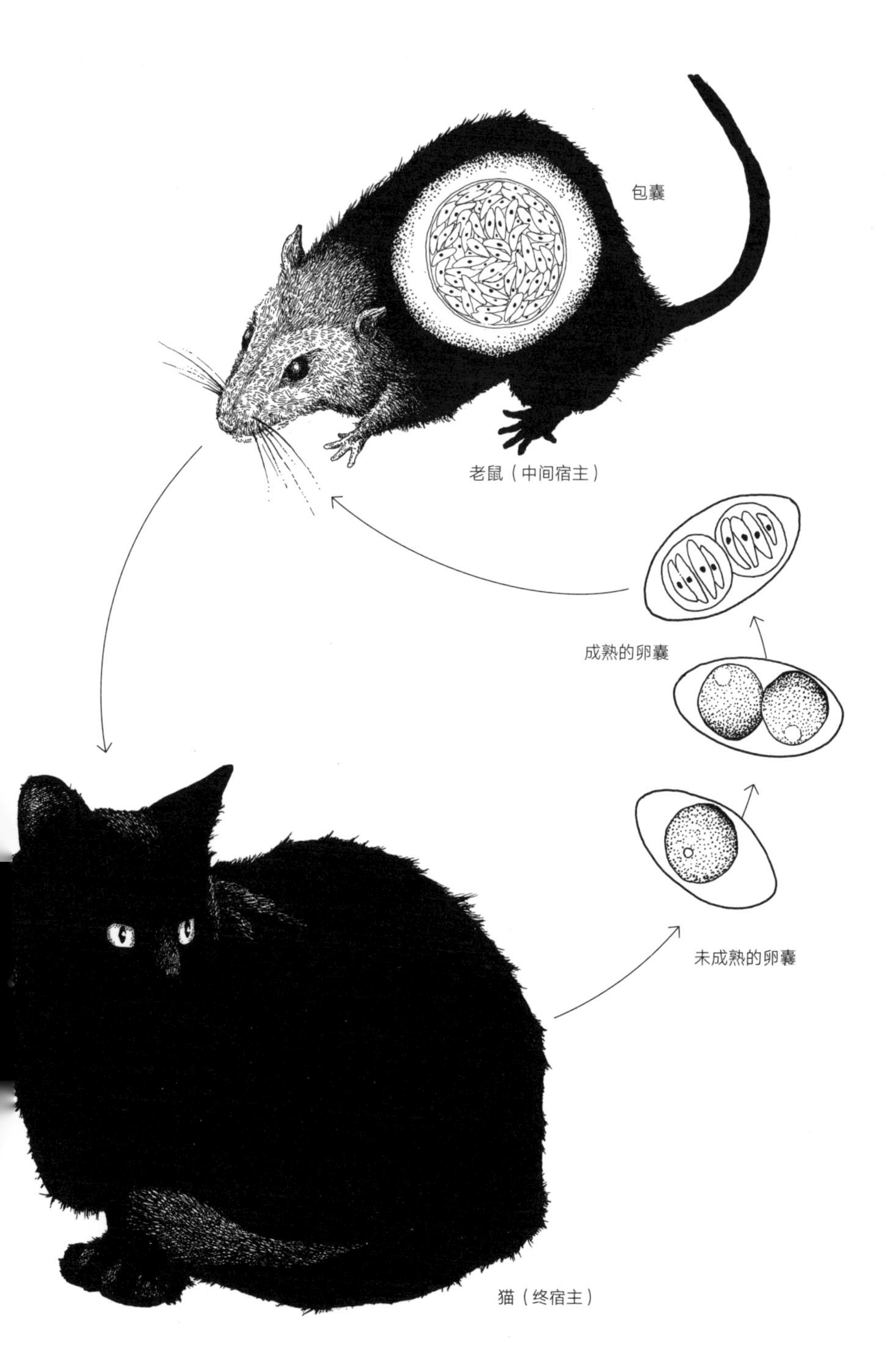
包囊
老鼠（中间宿主）
成熟的卵囊
未成熟的卵囊
猫（终宿主）

猫感染猫弓形虫的概率很小，而且在第一次感染后的几周内，便会排出弓形虫的卵囊。注意猫厕所的卫生情况，有条件的话定期给猫咪驱虫，接触庭院的土壤或公园的沙土后及时洗手，避免生吃牛羊肉。做到这几点，感染弓形虫的风险就会小很多。

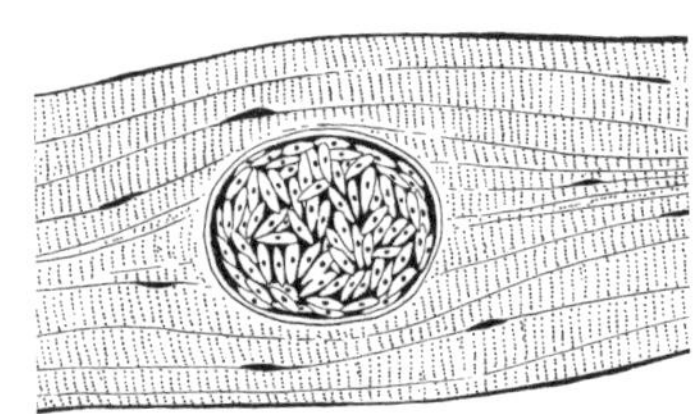

肌肉中的包囊

福氏耐格里原虫

Naegleria fowleri

夺命“食脑”虫

分类：根足纲
体长：7 ～ 20 微米
宿主：人
分布：世界各地

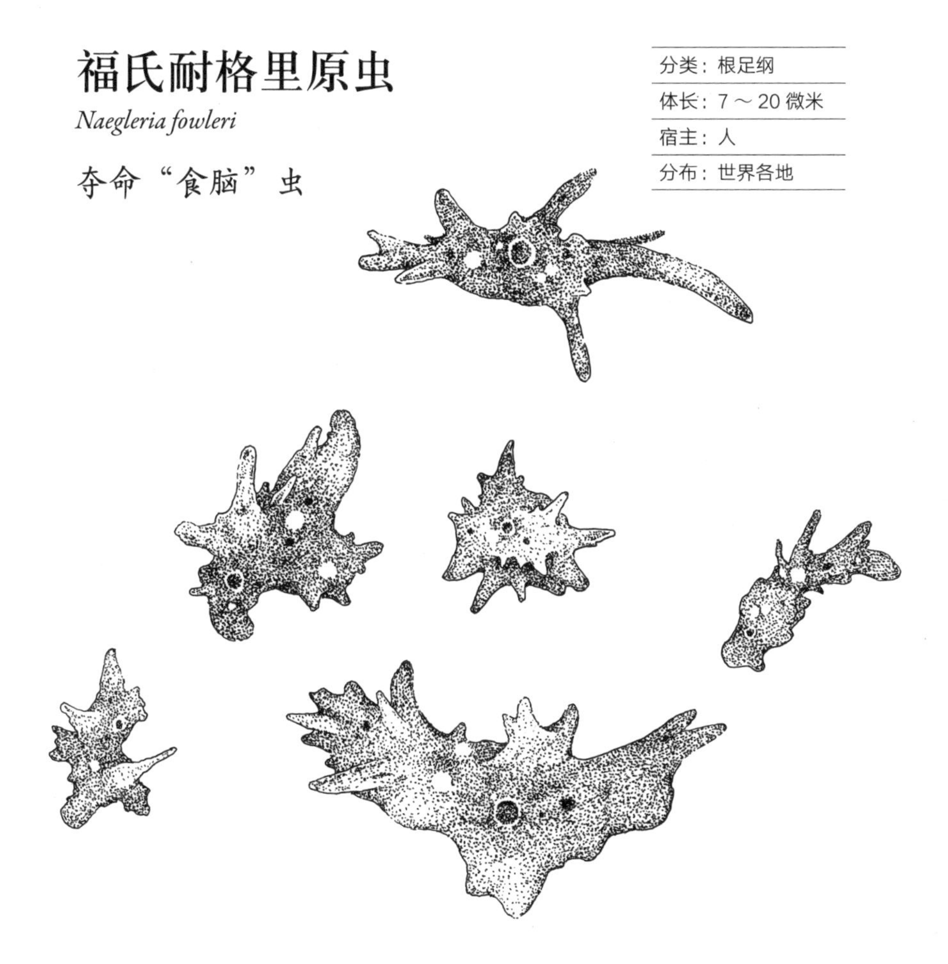

夏天，孩子们在池塘里嬉戏，阳光把池塘里的水晒得暖暖的，舒服极了。一个孩子想和朋友闹着玩，踢起沉积在水底的淤泥。没想到水的阻力很强，他一下没站稳，向后跌进池塘。水呛到鼻子里，惹得周围的孩子们都笑了。而与此同时，在水底淤泥中游荡的寄生虫，开始随着泛起的淤泥浮游在水中……

福氏耐格里原虫是一种阿米巴原虫，通常自由生活在25℃～35℃的温暖淡水或土壤中，但有时候也会阴差阳错地寄生到人类身上。含有福氏耐格里原虫的水流入鼻孔后，这种寄生虫就会从鼻孔深处的黏膜经由神经侵入大脑。

到达脑部的福氏耐格里原虫会吞噬宿主的大脑，迅猛繁殖，毫不顾忌宿主的生命安危。感染者经过剧烈的头痛和发热后，陷入昏迷状态，绝大多数病例在发病后10天左右死亡。研究人员解剖患者的遗体，发现其脑部早已被寄生虫大军分泌的消化酶溶解成了“糨糊”。福氏耐格里原虫的致死率高达95%，令人闻风丧胆，堪称“夺命食脑虫”。

患者从脑脊液中检测出福氏耐格里原虫，即可确诊感染。但是由于病情发展太快，绝大多数患者生前都不知道自己感染了这种寄生虫。而且目前尚无有效的治疗方法，即便确诊也无计可施，只能听天由命，寄希望于 5% 的生存率。因此，我们能做的就是预防它们侵入体内。福氏耐格里原虫的主要侵入途径是人的鼻孔。在水温较高的湖泊、沼泽、淡水温泉等地方，要尽量避免将脸部浸入水中；游泳的话，可以使用鼻夹来预防。

澳大利亚、新西兰、美国、日本等世界各地的国家都报告有相关病例，但是鉴于确诊难度大，实际的患者人数也许更多。

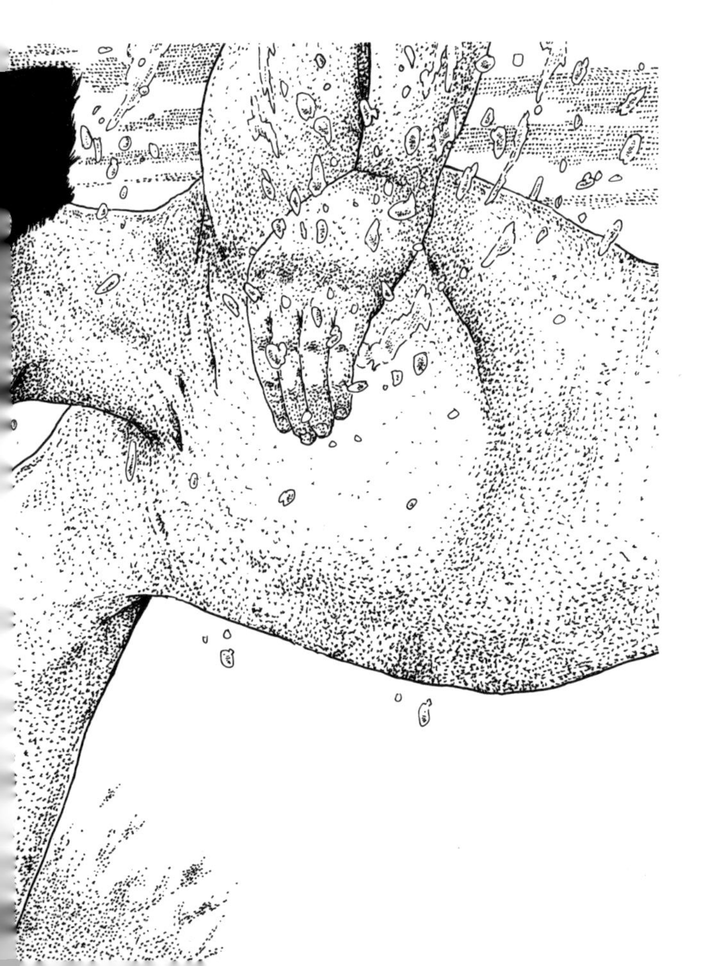

布氏冈比亚锥虫

Trypanosoma brucei gambiense

乘苍蝇而来的恶魔

分类：动基体纲

体长：锥鞭毛体 16 ～ 30 微米

中间宿主：人
终宿主：舌蝇

分布：热带、亚热带地区

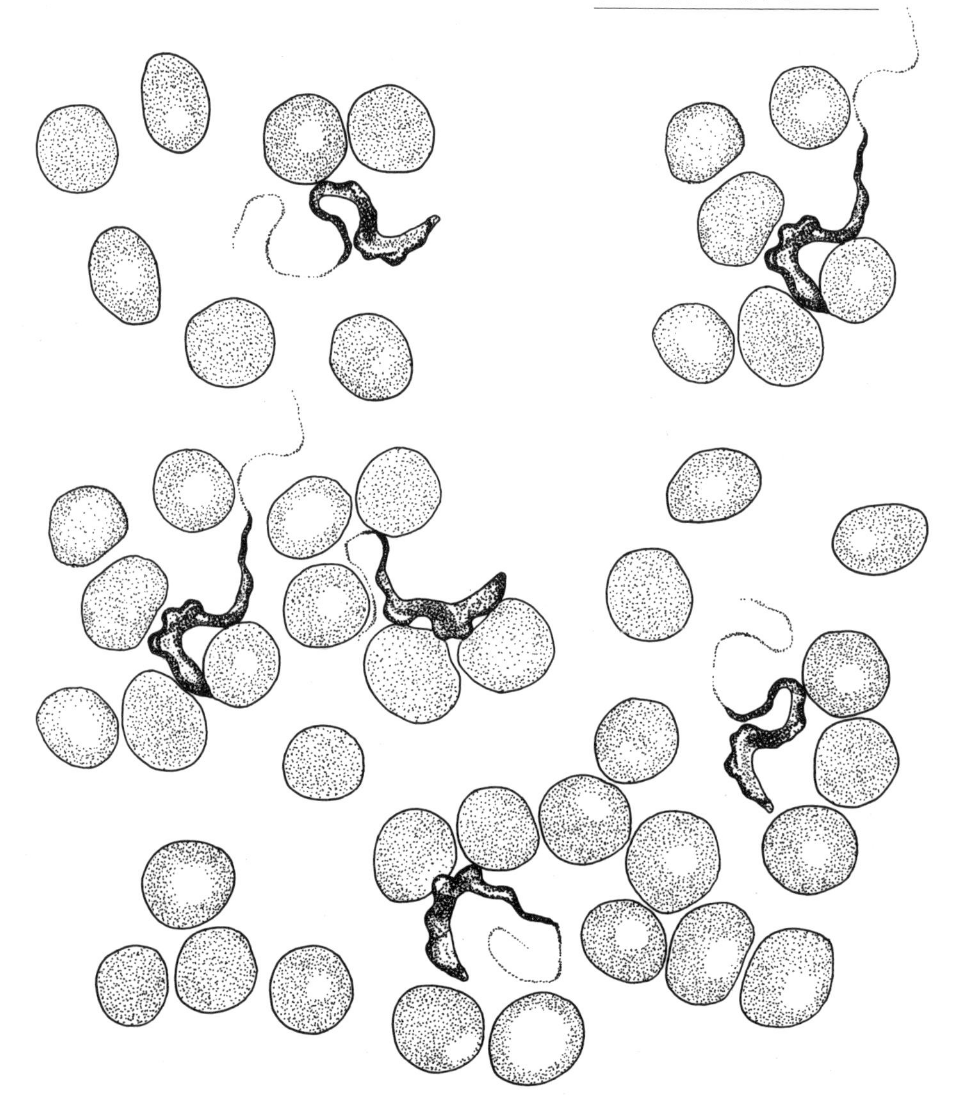

显微镜下，一个呈纺锤形、身上长着鞭毛和波动膜[1]的生物清晰可见。它就是动基体纲的布氏冈比亚锥虫。布氏冈比亚锥虫是恐怖疾病“非洲昏睡病”的病原体，通过一种大型吸血蝇——舌蝇传播。

锥虫从舌蝇的口器侵入人体，在人体以二分裂的方式不断繁殖，并用鞭毛和波动膜移动，从血液侵入淋巴结、骨髓，最终侵入中枢神经系统。锥虫进入中枢神经系统后，感染者会出现意识模糊、性情大变、昏迷等症状，最终全身衰竭而死。研究认为，锥虫之所以让人昏迷，是为了方便舌蝇吸血，以便再次侵入舌蝇体内。患者如果不接受治疗，死亡率可达 80%。锥虫会根据人的抗体改变细胞表面的蛋白质结构，研究人员很难研发出特效疫苗，药物治疗也有很强的副作用。

在非洲，舌蝇栖息的北纬 15 度到南纬 20 度区域被称为“舌蝇带”。有传闻说，中古时期强大的阿拉伯帝国就是被非洲昏睡病肆虐的舌蝇带阻拦，才没能征服撒哈拉沙漠以南地区。这种寄生虫连强大的军事进攻都能阻挡，实在不容小觑。

---

① 虫体与鞭毛之间的薄膜，呈波状弯曲。

多子小瓜虫

Ichthyophthirius multifiliis

一个白点引发的命案

分类：寡膜纲
体长：直径 0.5 ～ 1 毫米
宿主：温水性淡水鱼
分布：世界各地

“白点病”是一种令养鱼爱好者闻之色变的鱼类疾病。顾名思义，患病的鱼身上会出现直径 1 毫米左右的白色斑点。如果放任不管，白点会越来越多，最终导致病鱼的渗透压调节及呼吸功能出现问题，衰竭而死。鱼身上的一个个白点其实是寄生虫——多子小瓜虫。

多子小瓜虫是一种纤毛虫，寄生在鱼的上皮中，通过破坏并摄入上皮细胞成长；长大后离开宿主，沉入水底，体外形成一层膜（包囊化），之后细胞核不断分裂；大约 24 小时后，膜破裂，成百上千只具有感染性的幼虫蜂拥而出，再一次潜入鱼的体表，如此周而复始。多子小瓜虫最大的威胁在于其超强的繁殖能力。1 个白点经过 24 小时就会变成 1000 只具有感染性的幼虫，再次扑向宿主。如果有 10 个白点，24 小时后幼虫的数量就是 10000 只。其中的一部分成功寄生到宿主身上，之后下一代再以 1000 倍的规模卷土重来。在无处可逃的水族箱中，鱼儿根本不堪一击。

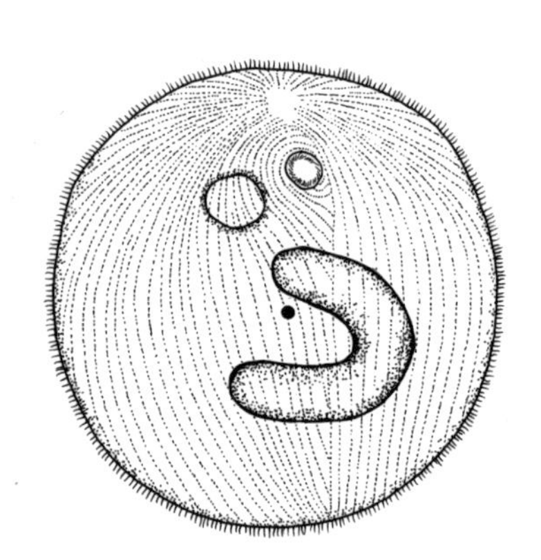

上图中的鱼名叫黑玛丽，是一种全身漆黑的卵胎生花鳉鱼。由于白点在黑色鱼皮上分外醒目，人们常用黑玛丽来进行多子小瓜虫的感染实验。这样的实验对于黑玛丽来说是一场灾难，但它们的牺牲为多子小瓜虫的研究作出了巨大贡献。

蓝氏贾第鞭毛虫

Giardia intestinalis

可恨的“小丑”

分类：鞭毛虫纲
体长：营养体 12～15 微米
宿主：人等哺乳动物
分布：世界各地

有这样一种生物，它长得很像一张小丑的脸，平常翻滚着小鞭子一样的毛游来游去，样子十分滑稽。它就是寄生在人等哺乳动物小肠里的蓝氏贾第鞭毛虫。它的“两只大眼睛”其实是用来吸附在宿主肠黏膜上的吸盘，“微笑的嘴巴”则是名叫中心粒的器官。

形似小丑脸的营养体[①]在宿主的消化道内吸取营养，以二分裂的方式不断繁殖，最后形成体外包裹着厚膜的包囊状态，随粪便排出宿主体外，再等待时机进入下一个宿主口中。

这种寄生虫的感染性非常强，只要有 10 个左右的包囊进入口中，宿主就会发病。蓝氏贾第鞭毛虫遍布全球各地，人们在疫区接触生水及用生水清洗过的蔬菜或餐具时，很容易感染这种寄生虫。感染后，患者会出现恶心、腹痛、腹泻等症状。不仅人类，猫、狗、牛、河狸等哺乳动物也会感染这种寄生虫。在日本，有时人们在河狸筑的水坝附近游泳也会被感染，因此这种病也被叫作“河狸病”。

---

① 营养体，指从侵入宿主细胞到繁殖前这一阶段的原虫。

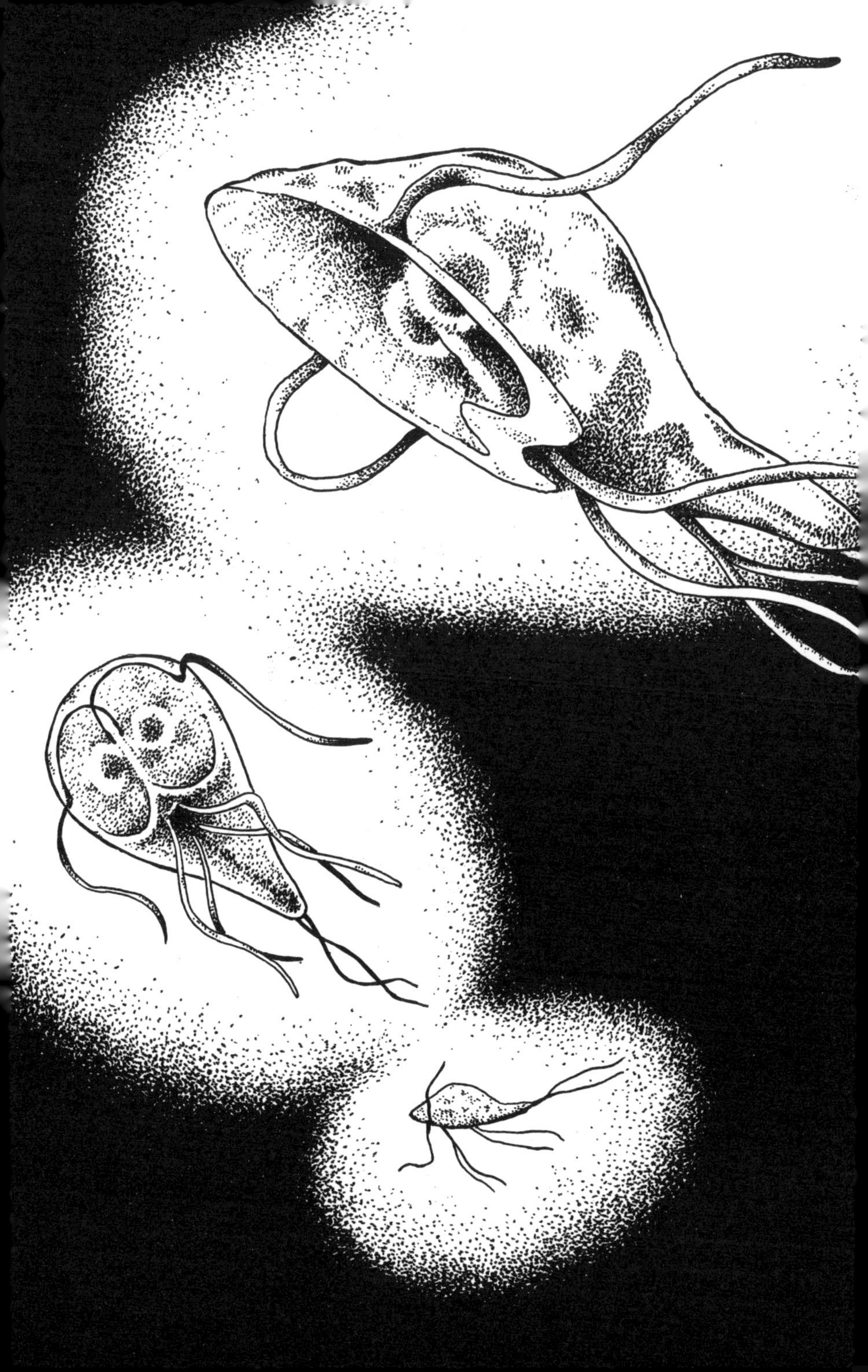

阿米巴藻

Amoebophrya sp.

分类：共甲藻纲
全长：形成群体时约 100 微米
宿主：甲藻
分布：世界各地

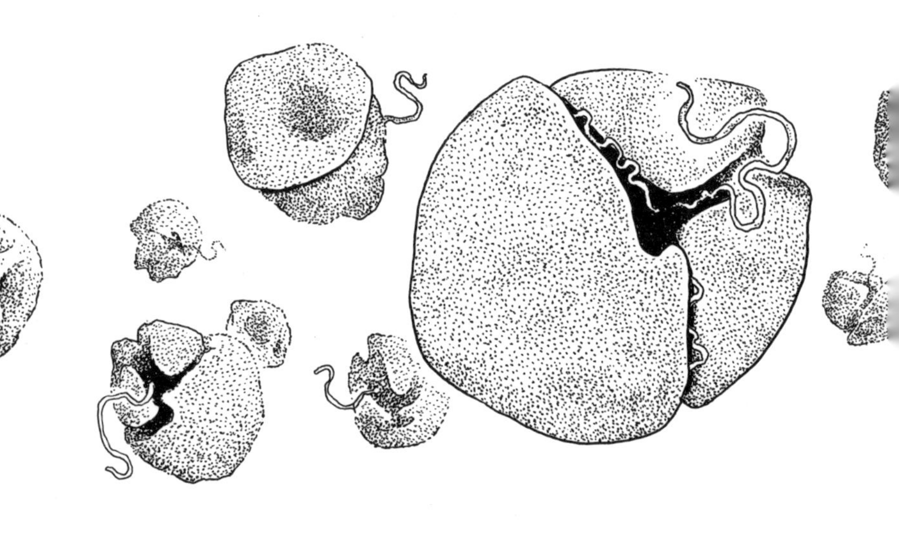

散布在图中的球体是可以引起赤潮的浮游生物——甲藻。
它们体表裂开，阿米巴藻从里面冲了出来！

把宿主吸干榨净的恐怖“弹簧”

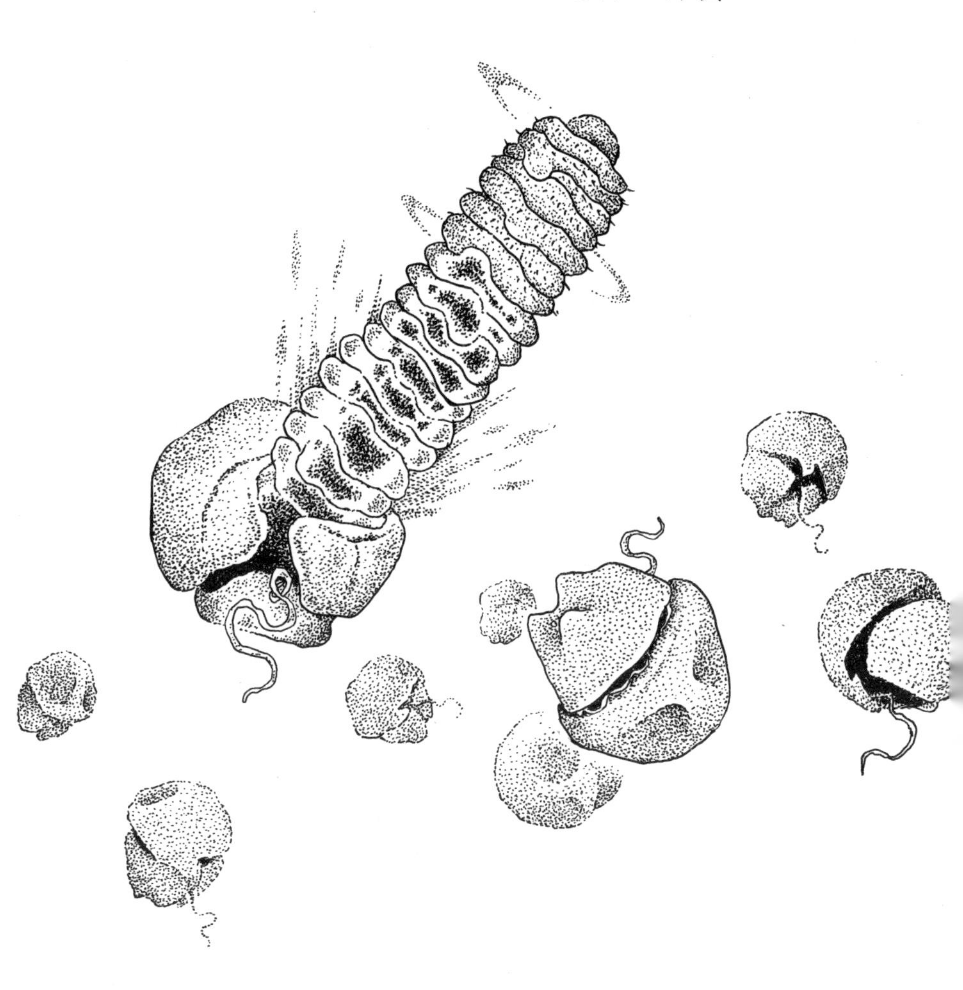

一片海域中，有时大量繁殖的浮游生物把海水染成红色。这种赤潮现象一旦发生，就会耗尽水中的氧气，大批的浮游生物堵住鱼和贝类的鳃，一些有毒的种类还会导致鱼和贝类中毒死亡，给水产业带来沉重的打击。近年发生的赤潮多由甲藻引起。甲藻是一种单细胞藻类，体表有横纵两条沟，交汇处长有两根鞭毛，可以在水中自由游动。其中约一半的种类通过光合作用储存能量，另一半则靠捕食或者寄生于其他生物为生。不过，接下来为大家介绍的是一种特殊的寄生性甲藻——阿米巴藻，它们寄生在甲藻同类身上。

侵入宿主体内的阿米巴藻一边吸取宿主身上的营养，一边进行细胞核分裂，同时生成双方向的“螺旋弹簧”，在宿主体内不断蓄力。等到时机成熟，它们便旋转“螺旋弹簧”，将宿主的细胞质全部吸走，然后像神秘生物飞棍一般冲破宿主体表、来到外界，只留下一个被吸干榨净的甲藻空壳。而分裂繁殖形成的无数阿米巴藻个体，起初粘连在一起，随后分离开来，单独寻找下一个猎物。为了在榨干宿主体内的营养后冲破体表离开宿主，这种寄生虫在宿主体内不断分裂繁殖，形成了一个类似上紧发条的弹簧结构。它们破出寄主体表的姿态，像极了《异形》中的破胸虫。假如宿主也有情绪，想必会感到异常恐惧吧。

据说，有寄生虫学家提倡利用阿米巴藻开展“赤潮治理行动”，让这种恐怖的寄生虫在赤潮中繁殖，以消灭形成赤潮的浮游生物。看来寄生虫和钝剪刀一样，只要掌握技巧，也能派上用场。

植物·真菌

植物指含有叶绿素、能进行光合作用的真核生物。

真菌主要包括酵母菌、霉菌和蕈菌。

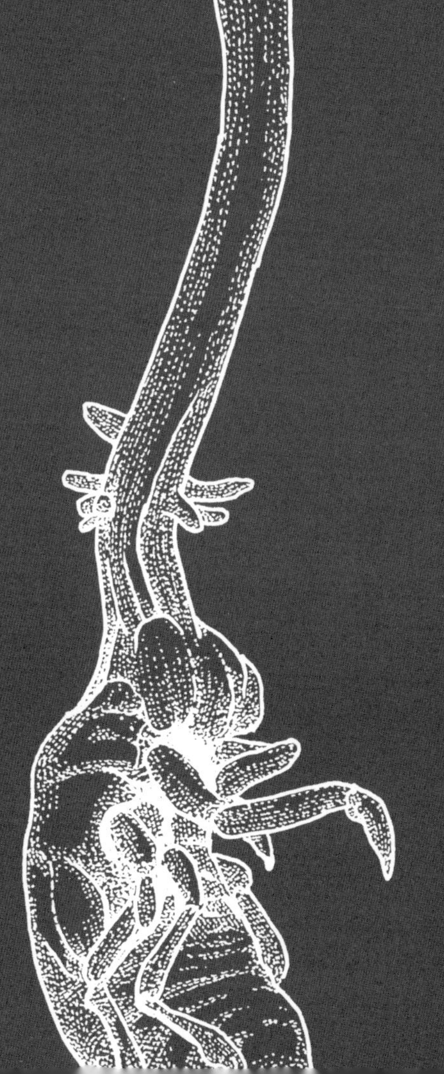

阿诺德大王花

Rafflesia arnoldii

散发着腐臭的巨型花

分类：被子植物门
全长：花朵直径最大 120 厘米
寄主：崖爬藤属植物
分布：东南亚

“这该不会是‘食人花’吧……”1818 年，在印尼苏门答腊岛的雨林里，由英国政治家托马斯·斯坦福·莱佛士和军医约瑟夫·阿诺德率领的动植物探险队队员们感到了深深的恐惧。在他们面前，一朵神奇的花张着令人毛骨悚然的“大口”，里面散发出腐臭的气味，引来苍蝇在它周围飞舞。这就是世界上已知最大的花——阿诺德大王花被发现时的情形，它的花朵直径可达 120 厘米。

这种巨型花并非人们想象中的食人花，而是一种寄生性植物。它无根无叶，花朵生长在葡萄科崖爬藤属植物的茎上，直接从寄主植物身上获取营养。大王花和它寄生部位的寄主组织融合，形成类似嫁接的状态。很难想象大王花的种子只要接触崖爬藤的茎就能与其融合，它究竟是怎样侵入寄主组织的呢？这个问题目前仍是个谜。

人们常常用“腐肉味”“厕所味”等词语来形容大王花的独特气味。它之所以散发出这种气味，是为了吸引苍蝇（主要是大头金蝇）来传播花粉。大王花有雄花和雌花之分，顺利授粉后，垒球大小的果实中就会生成种子。有研究人员认为，大王花的开花时间不固定，而且个体之间距离较远，所以才选择一年四季都活跃的苍蝇为其传粉。在人类看来，大王花又臭又大，令人害怕；而在苍蝇看来，它却是一种散发着迷人芳香、魅力四射的花。

种群繁衍是生物最重要的目的之一。为此，大王花舍去了根和叶，只留下花这一生殖器官，并把它进化得异常巨大，朝着这一目标笔直前进。

野菰

Aeginetia indica

我的心里只有你

分类：被子植物门
全长：15～30 厘米
寄主：禾本科植物
分布：东亚、南亚

野菰(gū)虽然是植物，却没有叶绿体，无法进行光合作用。它寄生在水稻、芒草等禾本科植物的根部，靠吸收寄主植物的养分生长。野菰形状酷似从前西方人用的烟斗，因此在日本被称为“南蛮烟管”，中国民间也叫它“烟斗花”。其实，这种植物早在古时就已经为人们所熟知了，日本最早的和歌集《万叶集》中就收录了这样一首和歌：

道旁芒花下，纤纤相思草。
如今思更尔，何物可将念。

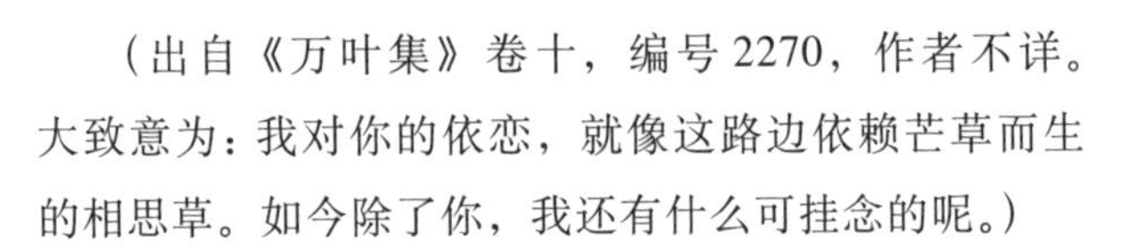

（出自《万叶集》卷十，编号 2270，作者不详。大致意为：我对你的依恋，就像这路边依赖芒草而生的相思草。如今除了你，我还有什么可挂念的呢。）

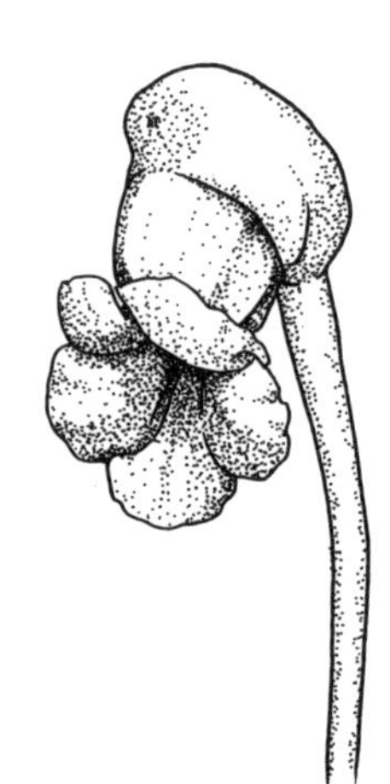

和歌中低垂着头悄悄绽放的“相思草”，正是寄生在芒草上的野菰。“放下顾虑，紧紧依偎对方而活吧。”不知道这首和歌的作者是否知晓野菰是寄生植物，但他通过文字既巧妙地表达了爱情这一主题，同时也描绘出植物的寄生现象，堪称精彩。

今天，有些人把野菰当作园艺植物来培育，同时顺便培育芒草类母株（寄主）。不过，野菰的寄生会阻碍寄主生长，甚至令其枯萎死亡。寄主死了，野菰无根可依也会死亡，种植者就本利全无了。所以，培育野菰的关键是先培育出健康的芒草类母株。

冬虫夏草菌

Cordyceps sinensis

分类：核菌纲
全长：4～11 厘米
寄主：蝙蝠蛾科昆虫
分布：亚洲中部高寒地区

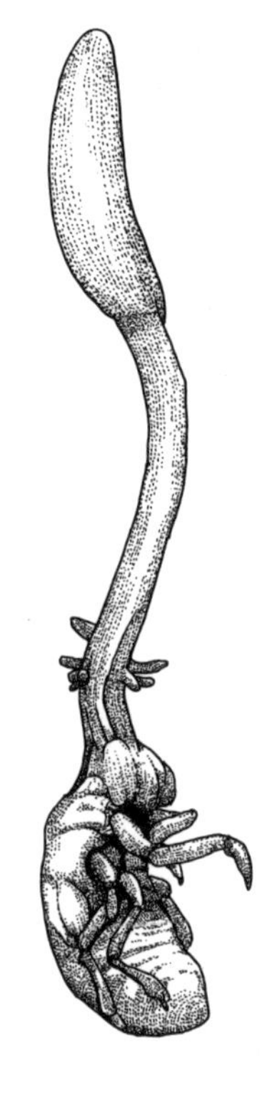

冬虫夏草被认为是滋补佳品，过去藏族人视它为“冬夏之间由虫转世为草的神奇生物”，由此得名。实际上，冬虫夏草菌是一种寄生于昆虫的菌类，不过它会杀死昆虫，用其体内的养分生长菌体（子实体），所以性质更接近捕食。

冬虫夏草菌在变成干尸形态的寄主的外骨骼保护下，生长菌丝、形成菌核，最终冲破寄主的外骨骼，长出发散孢子的柱状真菌。冬虫夏草在中药柜台里经常能见到，是冬虫夏草菌和寄主蝙蝠蛾科昆虫幼虫尸体的复合体，它们是最具代表性的一种虫生真菌。全世界共有大约 800 种虫生真菌，其寄主各不相同。在气候温暖湿润的日本就栖息着 300 多种，中国则有 400 多种。本页图中的蝉花（*Cordyceps sobolifera*）和右图中的蜻蜓线虫草（*Ophiocordyceps odonatae*）在日本和中国均有发现。

寄主和冬虫夏草菌连为一体形成的冬虫夏草才是最美的。日本冬虫夏草协会曾提醒虫草爱好者，采集冬虫夏草时，最忌讳不慎分离寄主和真菌，并将这种断了的虫草称为“断草”。此外，虽然虫生真菌的寄主种类繁多，但人们尚未在双叉犀金龟（独角仙）、锹甲、天牛等昆虫身上发现寄生的虫生真菌，一旦发现，肯定是新物种。如果你对自己有信心，也可以自告奋勇找一找，说不定就发现新的虫生真菌了呢！

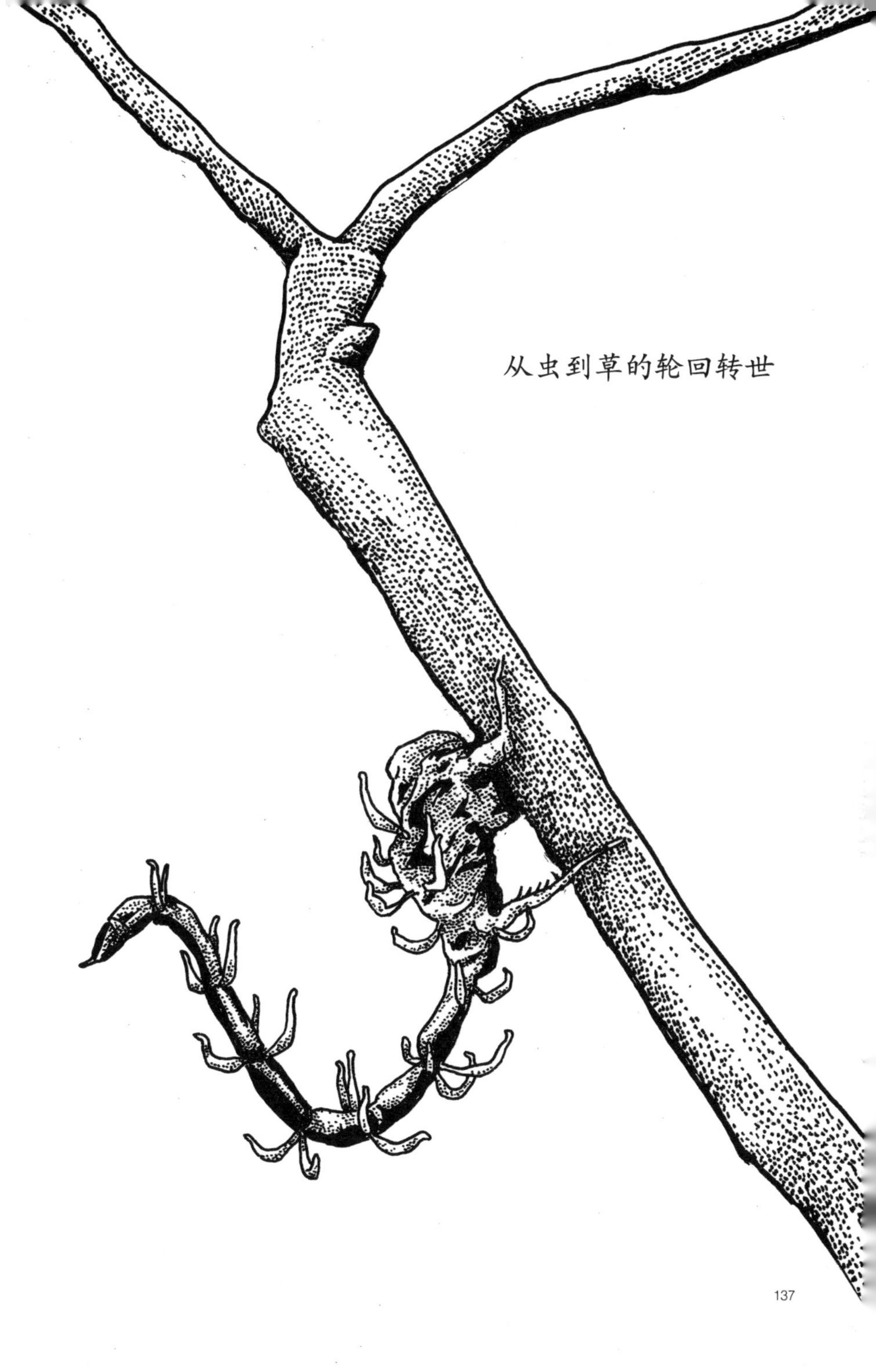

从虫到草的轮回转世

日本菟丝子

Cuscuta japonica

悄悄逼近草木的“面条”

分类：被子植物门
全长：数十厘米
寄主：植物
分布：亚洲、美洲

夏秋时节，漫步在山野间，有时会看到黄绿色的“面条”撒在整片草丛或灌木上。这种“面条”在日本名叫“无根蔓”，顾名思义，是一种没有根的攀缘性寄生植物。

从土里钻出来寻找宿主的菟丝子幼苗

它们不仅没有根，叶子也退化成鳞片状，小得可怜。

菟丝子是一年生植物，夏季开花，秋季结果（中药学认为其果实的种子是一味滋补肝肾的药材），种子越冬后发芽。幼苗起初有根，长在土壤里，在最初一段时间，茎蔓伸展，缠绕到附近的草木上；随后，茎蔓各处长出寄生根，这种特殊的根扎进寄主植物的维管束[①]，土壤中的根随之枯萎。完全脱离土壤后，菟丝子将在寄主植物的身上度过一生。

菟丝子几乎没有光合作用所需的叶绿素，营养全部来源于寄主植物。因此，种子萌发出的幼苗非常纤弱，在种子里储存的营养和水分耗尽前，必须尽快找到寄主，否则就会枯萎。虽然最初的寄生概率很低，可一旦寄生成功，菟丝子的生长速度快得惊人。它们不断重复寄生过程，逐渐把寄主整个覆盖起来，仿佛在对寄主五花大绑。如果附近有其他植物，它们也会顺带寄生，有时甚至长势过旺，导致寄主枯死，最后和寄主同归于尽。菟丝子一旦寄生于农作物，往往会造成重大损失。如果没有铲除干净，留下的部分会继续抽茎生长，因此很难根除。

据说，菟丝子的幼苗能分辨出空气中寄主植物散发的气味物质，在气味的吸引下向寄主的方向生长。一点点爬向寄主，缠缚扎根、榨取营养——这种寄生植物乍一看不过是泼在草丛上的面条，所作所为却令人生畏。

---

① 指韧皮部和木质部组成的输导组织系统，在植物体内成束状分布，为植物输导水分、无机盐和有机养料等。

将寄主植物五花
大绑的菟丝子

主要参考文献

《岩波生物学辞典（第5版）》，岩波书店，2013
《图解寄生虫世界》，讲谈社，2016
《你好寄生虫：世界奇妙生物的故事》，讲谈社，1996
《寄生虫学教材（第3版）》，文光堂，2008
《寄生虫馆物语：可爱又奇妙的虫子们的生活》，NESCO，1994
《不可思议的寄生虫：头上也有？我们身边的寄生虫》，技术评论社，2009
《寄生虫美术图鉴：从危险程度和症状了解人体寄生生物》，诚文堂新光社，2014
《寄生虫病的故事：来自身边的威胁》，中公新书，2010
《鱼贝类的传染性疾病与寄生虫病》，恒星社厚生阁，2004
《修订版鱼病学概论（第2版）》，恒星社厚生阁，2012
《最新家畜寄生虫病学》，朝仓书店，2007
《新鱼病图鉴》，绿书房，2006
《图说人体寄生虫学（修订第9版）》，南山堂，2016
《名和蝉寄蛾——日本的昆虫7》，文一综合出版，1987
《日本寄生虫学研究》，目黑寄生虫馆，1961-1999
《腹中虫通讯》，目黑寄生虫馆，2000-2016
《目黑寄生虫馆月报·资讯》，目黑寄生虫馆，1959-1998

参考网站

日本水产食品寄生虫检索数据库
http://fishparasite.fs.a.u-tokyo.ac.jp/

目黑寄生虫馆

网址：https://www.kiseichu.org/

门票：免费

开馆时间：10：00 ～ 17：00

闭馆日：每周一、周二 / 年末年初

（周一、周二为节假日时照常开馆，延至下一个工作日闭馆）

交通：乘坐日本铁路 JR 等轨道交通于“目黑站”西口下车，步行 15 分钟；或乘坐公交于“大鸟神社前站”下车

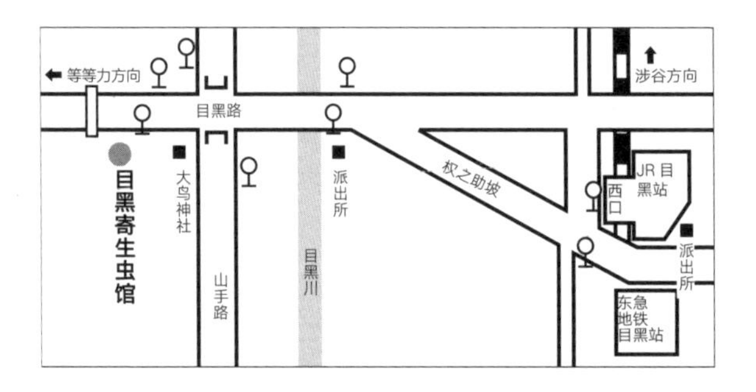

著作版权合同登记号：01-2021-5759

图书在版编目（CIP）数据

寄生之谜 / 日本目黑寄生虫馆编 ；（日）大谷智通文 ；（日）佐藤大介图 ；程雨枫译 . -- 北京 ：新星出版社，2023.8
ISBN 978-7-5133-4917-8
Ⅰ . ①寄… Ⅱ . ①日… ②大… ③佐… ④程… Ⅲ . ①寄生虫－普及读物 Ⅳ . ① Q958.9-49
中国版本图书馆 CIP 数据核字 (2022) 第 098863 号

寄生之谜
日本目黑寄生虫馆 编 ［日］大谷智通 文 ［日］佐藤大介 图
程雨枫 译

责任编辑 汪 欣
特约编辑 郭 婷 郑钰晓
封面设计 李照祥
内文制作 王春雪
责任印制 李珊珊 万 坤

出 版 新星出版社 www.newstarpress.com
出 版 人 马汝军
社 址 北京市西城区车公庄大街丙 3 号楼 邮编 100044
电话 (010)88310888 传真 (010)65270449
发 行 新经典发行有限公司
电话 (010)68423599 邮箱 editor@readinglife.com
法律顾问 北京市岳成律师事务所

印 刷 北京中科印刷有限公司
开 本 889mm × 1194mm 1/32
印 张 4.5
字 数 50千字
版 次 2023年8月第一版 2023年8月第一次印刷
书 号 ISBN 978-7-5133-4917-8
定 价 49.80元